Fernão de Magalhães

GIANLUCA BARBERA

Fernão de Magalhães

A magnífica história da primeira
circum-navegação da Terra

TRADUÇÃO DE
Reginaldo Francisco

1ª REIMPRESSÃO

VESTÍGIO

Magellano © 2018 by Lit Edizioni
Copyright © 2019 Editora Vestígio

Publicado originalmente por Castelvecchi Editore

Título original: *Magellano*

Todos os direitos reservados pela Editora Vestígio. Nenhuma parte desta publicação poderá ser reproduzida, seja por meios mecânicos, eletrônicos, seja via cópia xerográfica, sem a autorização prévia da Editora.

EDITOR RESPONSÁVEL
Arnaud Vin

EDITOR ASSISTENTE
Eduardo Soares

ASSISTENTE EDITORIAL
Pedro Pinheiro

PREPARAÇÃO
Pedro Pinheiro
Sonia Junqueira

REVISÃO
Eduardo Soares
Pedro Pinheiro

CAPA
Bruno Apostoli

ADAPTAÇÃO DE CAPA ORIGINAL
Diogo Droschi

DIAGRAMAÇÃO
Larissa Carvalho Mazzoni

Dados Internacionais de Catalogação na Publicação (CIP)
Câmara Brasileira do Livro, SP, Brasil

Barbera, Gianluca
  Fernão de Magalhães : A magnífica história da primeira circum-navegação da Terra / Gianluca Barbera ; tradução Reginaldo Francisco. -- 1. ed.; 1. reimp. -- São Paulo : Vestígio, 2020.

  Título original: Magellano.

  ISBN 978-85-54126-35-3

  1. Ficção histórica 2. História do mundo 3. Magalhães, Fernão de, apr. 1480-1521 4. Navegação - História I. Título.

19-27501   CDD-853

Índices para catálogo sistemático:
1. Ficção : Literatura italiana 853
Iolanda Rodrigues Biode - Bibliotecária - CRB-8/10014

A **VESTÍGIO** É UMA EDITORA DO **GRUPO AUTÊNTICA**

São Paulo
Av. Paulista, 2.073, Conjunto Nacional, Horsa I
23º andar . Conj. 2310-2312 .
Cerqueira César . 01311-940 São Paulo . SP
Tel.: (55 11) 3034 4468

Belo Horizonte
Rua Carlos Turner, 420
Silveira . 31140-520
Belo Horizonte . MG
Tel.: (55 31) 3465 4500

www.editoravestigio.com.br

Aqui jaz Anaxágoras, que, na busca da verdade,
se alçou até os confins dos céus.

Diôgenes Laêrtios, *Vida e Doutrina dos Filósofos Ilustres,* trad. Mário da Gama Kury

Eu estou dançando em cima de arames de luz!

Robert Musil, *O homem sem qualidades,* trad. Lya Luft e Carlos Abbenseth

Cara leitora, caro leitor,

A extraordinária aventura em que você está prestes a embarcar é narrada com rigor por um homem do mar que domina seu ofício. Para que vá de vento em popa, incluímos um glossário de termos marítimos no final deste volume.

Boa jornada!

PRÓLOGO

12 de setembro de 1568

CHAMO-ME JUAN SEBASTIÁN ELCANO – conhecido como *el Perro*, o Cão – e, como a maior parte dos meus conterrâneos certamente se lembra, viajei na qualidade de timoneiro na nau *Trinidad*, ao lado de Fernão de Magalhães, por um ano, sete meses e dezessete dias: foram quantos contei. Das cinco carracas que partiram para desafiar os oceanos, tendo a bordo uma tripulação de 265 homens, apenas uma retornou, a *Victoria*, que o destino colocara sob o meu comando, como último oficial remanescente de toda aquela grande expedição; na verdade a menor e mais frágil da frota depois da *Santiago*, que naufragou entre as fendas do Rio Santa Cruz, a não mais que dois graus de latitude do Estreito de Todos los Santos, por nós descoberto em 1º de novembro do ano da graça de 1520.

Sim, eu tive a fortuna (ou chamem como preferirem) de ser um dos dezoito homens aos quais foi concedido retornar, depois de três anos ao redor do globo e de aventuras e tragédias para além de todos os limites da resistência humana. Eu, Sebastián Elcano, *el Perro* – confesso, aqui, pela primeira vez –, traí meu comandante e almirante Fernão de Magalhães do mais abjeto dos modos, ainda que não tenha sido o único. E por essa traição, ocultada com tanta habilidade e vilania, apropriei-me das honras, da glória e das riquezas que a ele somente, Fernão de Magalhães, caberiam por direito terreno e divino. Eu, Sebastián Elcano, fui, sem mérito algum (exceto aqueles que sói reconhecer a ladrões e assassinos), recoberto de ouro, honras e glória perene. Glória, honras e ouro que somente a ele, Magalhães, cabiam, e que em razão de nossa traição (minha e de outros marinheiros e oficiais da tripulação, como saberão por estas minhas memórias) lhe foram subtraídos e negados do modo mais miserável.

Porém, é chegado o momento, depois de tantos anos transcorridos nessa vergonha, que maculou não só a mim mas a toda a corte de Espanha; é chegado o momento, eu dizia, em que tenhamos a hombridade de restabelecer a verdade, toda a verdade, sobre aquela memorável expedição, concebida, projetada e conduzida, enquanto as forças não o abandonaram, por Fernão de Magalhães, único a merecer o título de circum-navegador do globo e de descobridor de novos mundos a oriente para a honra e a glória da Coroa de Espanha, ele que era nascido na terra de Portugal, da qual precisou fugir como um ladrãozinho qualquer, no meio da noite, no lombo de um jumento. Títulos que, desprezando toda verdade terrena, foram reconhecidos a mim somente.

A mim e somente a mim foram perdoadas e declaradas extintas as culpas de uma vida inteira (e eram muitas), das quais decidi fugir embarcando numa missão que então considerava insensata. A mim foi conferida uma pensão anual de quinhentos florins de ouro. A mim a ordem de cavaleiro da Santa Cruz de Córdoba. A mim o grandioso brasão de memória perene, que me designa como executor do imortal empreendimento: dois paus de canela cruzados, rodeados por cravos-da-índia e nozes-moscadas, e acima um elmo no qual se apoia a esfera terrestre; e sobre a esfera o grandioso mote *Primus circumdedisti me.*[1]

E tudo isso enquanto o nome de Magalhães jaz no pó e na lama, espezinhado por pés indignos, e sua estirpe está extinta, apagada para sempre. Porém, que ao menos a memória lhe possa ser restituída intacta, a ele que (no limite) foi grande, agora o sei e reconheço, maior que todos nós, que não só não o compreendemos, mas o desprezamos e demos-lhe as costas, atingindo-o traiçoeiramente, do modo mais mesquinho.

É chegado o momento, eu dizia, de contar como eu, depois de traí-lo, manchei seu nome e usurpei-lhe as honras e os méritos. Como urdimos a grande conspiração e como traímos um homem que não o merecia e que era, como só agora compreendo, muito melhor do que nós (ao menos creio). Em todos esses anos, Nosso Senhor é testemunha (caso tenha se dignado a lançar um olhar sobre mim) de que a consciência nunca deixou de atormentar-me, dia e noite; e isso é bom, porque, se assim não fosse, não poderia considerar-me um homem. Por tempo demais me tenho deixado esmagar pelo peso da culpa, calando-me, para não ter de renunciar àquelas honras e àquelas riquezas das quais me apoderei e que me tinham sido concedidas sem nenhum mérito, ou quase. Mas antes de morrer quero, *sinto* a necessidade de recolocar cada coisa em seu lugar, restituindo a cada um, dentro do que for possível, aquilo que lhe cabe do bem e do mal, indiferente a todas as possíveis consequências. Sinto a morte se aproximando, na idade de 82 anos completos, e, não tendo herdeiros nem parentes aos quais me sinta ligado, não temo ser injusto com meu próprio sangue, uma vez que esta confissão, chegando aos ouvidos de nosso amado e piedoso Soberano Ilustríssimo, por certo me privará no mesmo instante de títulos, honras e riquezas – tão certo quanto que o dia invariavelmente sucede a noite.

---

[1] "Foste o primeiro a circundar-me", em latim. [N.T.]

Como se verá por este meu relato verdadeiro ao extremo, nosso bom *messere* Antonio Pigafetta, cavaleiro de Rodes, cidadão da gloriosa República Sereníssima de Veneza, acusado de ter mentido e perjurado em seus relatos, mantidos dia a dia durante toda a viagem, disse a verdade e somente a verdade, aqui reconheço publicamente, tendo plena razão e bom direito de não mencionar-me jamais, nem para louvor nem para infâmia. Tendo-me apropriado de seus cadernos, mantive-os escondidos por todos esses anos, juntamente com o diário de bordo de nosso almirante Fernão de Magalhães, mirando com isso ocultar a verdade aos olhos do mundo e da História. Mantive escondidos os diários e as cartas de Magalhães por todo esse tempo, diários e cartas que pretendo publicar, por inteiro e sem nenhuma omissão, em apêndice a estas minhas memórias.

Com isso não creio nem pretendo limpar minha consciência nem merecer o acesso às sagradas estâncias do Paraíso (no qual, ademais, creio bem pouco), porque não seria possível; mas pelo menos ouso esperar e desejo, apesar da pouca fé que me resta nos homens, restituir àquele homem sublime que foi nosso comandante e almirante Fernão de Magalhães a luz que seu glorioso nome merece e que por tanto tempo contribuí para ofuscar, para minha eterna danação. Ainda que mesmo no fogo eterno já não creia tanto assim.

Em fé,
Juan Sebastián Elcano
Humilde servo de Sua Majestade Ilustríssima e
Excelentíssima Filipe II

É PRECISO SABER CALAR, especialmente quando se sofre. Essas palavras agradariam a Magalhães, além de ser o perfeito retrato dele. E, no entanto, quando o vi pela primeira vez, pensei: *Este homem é louco, e extremamente perigoso*. Tinha um olhar de fanático, de falcão predador, de lobo desconfiado, de animal noturno e rasteiro, de alguma espécie exótica de réptil mortal. Um fanático calmo. A raça mais perigosa de fanáticos. Mais tarde modifiquei meu juízo, é claro, mas foi preciso tempo, e muitas coisas tiveram de acontecer antes que tal mudança se produzisse em meu espírito.

Lembro-me como se fosse hoje do nosso primeiro encontro.

Era uma manhã de início de agosto, límpida e fresca. As águas estavam calmas na dupla enseada, e nuvens brancas flutuavam no horizonte limpo. Do porto subiam odores de pescado e de especiarias, e o vozerio das pessoas que os negociavam; mas também, de vez em quando, exalações de pântano levantadas pelo libecho, o vento sudoeste. Naquela manhã eu botara no estômago mais de um copo de aguardente, fitando com tristeza o dedão do meu pé direito que despontava do sapato rasgado, quando, despedindo-me da taverneira, tomado por uma inspiração súbita, decidi correr até o porto, surdo aos chamados da mulher que clamava ("Hijo de puta!") pelo pagamento. Estava em Sevilha havia dois dias e precisava embarcar no primeiro navio de partida. Para onde se dirigisse, não importava. Tinha razões imperiosas em meus calcanhares.

Desci então pelo emaranhado de vielas que levavam ao porto, passando por casebres de pescadores erguidos com terra e palha que mal paravam em pé. Na noite anterior, na taverna do Tremolino, um marinheiro asturiano sem uma orelha, diante de um copo de xerez, falara-me de um português, Magalhães, e de seu sócio, Faleiro, que estavam recrutando marinheiros para uma grande armada prestes a zarpar em nome do rei. Destino desconhecido. Tempo de permanência no mar, no mínimo dois anos. O navio chamava-se *Trinidad*. Era o que eu precisava, pensei, necessitando, entre outras coisas, conseguir o perdão dos tribunais de Castela por alguns pecadinhos do modo costumeiro – ou seja, deixando transcorrer o tempo necessário para que caducassem.

Num espaço aberto no limiar do porto, era dia de feira. Passei entre as bancas de latoeiros, amoladores, salsicheiros, verdureiros, peixeiros, vendedores de tecidos. Sobre um palco instável de madeira, um casal de bailarinos de *farruca* dançava ao som de um alaúde. Alguns passantes lançavam uma moeda no cesto, mas eram mais frequentes botões e pedras.

Parei diante de um espetáculo miserável de marionetes e fui atraído, pouco depois, por um pregador que bem naquele momento começava seu sermão, ereto em cima de um pequeno estrado. Mal tinha aberto a boca e a multidão ao redor já zombava.

Enrolado num manto cor de piche, a barba comprida e pegajosa no queixo, olhos pequenos e maliciosos apontados para o público, a voz catarrosa, ele começou a dizer:

– E Jesus, vendo a multidão, subiu a um monte e, assentando-se, aproximaram-se dele seus *discípulos*. Tomando então a palavra, ensinava-os dizendo: "Bem-aventurados os pobres, porque deles é o Reino dos Céus. Bem-aventurados os que têm fome, porque serão saciados..."

Muitos aplaudiram, mas alguns gritavam:

– Temos fome! Dá-nos alguma coisa.

– "Bem-aventurados os que hoje choram, porque rirão. Bem-aventurados os que serão perseguidos em meu nome, porque grande será sua recompensa no Reino do meu Pai. Ai dos ricos, porque não terão mais nada..."

– Aqui, o mais rico morre de fome! – gritou um carreteiro carregado de lenha.

– "Ai de vós, que estais saciados agora, porque tereis fome..."

– Toca aqui, dá para sentir as costelas! – escarneceu um sujeito coxo, bêbado de não se aguentar em pé.

– "Ai de vós, que agora rides, porque estareis em luto e chorareis. Ai de vós, quando todos os homens falarem bem de vós..."

– Pois se nos chamam de ladrões e perjuros! – gargalharam dois grosseirões de sotaque basco, que certamente escondiam uma faca embaixo do manto.

– "Escutai o que vos digo: amai vossos inimigos, fazei o bem aos que vos odeiam, bendizei os que vos maldizem, orai pelos que vos dão pauladas. Se alguém te bater numa face, oferece também a outra; se alguém te roubar a bolsa, dá-lhe as chaves de casa..."

– Quisera eu ter uma casa – murmurou alguém.

– "Dá a quem te pede; e se alguém levar tuas coisas, não as peças de volta. E o que queres que te façam, assim deves fazer aos outros... Amar aqueles que nos amam: que mérito há nisso? Também os pecadores amam aqueles que os amam... Se fizeres o bem aos que o fazem a ti, que *vertude* tens?"

Ouviram-se alguns assovios.

– Vai para casa, analfabeto!

– "E se emprestares àqueles de quem esperas receber, que *vertude* tens?"

– E insiste!

— "Amai antes vossos inimigos, fazei o bem e emprestai sem esperar nada em troca, e será grande vossa recompensa e sereis chamados filhos do Altíssimo, porque Ele é benigno também com os ingratos e os maus... Sede misericordiosos, como o é vosso Pai. Não julgueis e não sereis julgados; não condeneis e não sereis condenados; perdoai e sereis perdoados. Dai e vos será dado..."

— Para poder dar, é preciso ter. Tirando os piolhos, não temos mais nada — replicou uma mulher grandalhona com uma touca branca na cabeça e uns brações de pedreiro.

Deve ser uma daquelas mulheres que em casa batem no marido, pensei, olhando para ela. Porém, no instante seguinte, quando meu olhar pousou na mulher que estava ao lado dela, meu coração deu um pulo. Meu Deus, aquela era minha mãe! Como era possível? Tinha uma atadura vistosa no pescoço e o rosto de uma Nossa Senhora cega. Parecia envolta por um halo de luz. Abri caminho entre a multidão, mas quando acreditei ter chegado até ela, não estava mais lá. Literalmente, desaparecera. Continuei a procurá-la com o olhar, o coração em tumulto.

— "Sede justos" — continuava a voz enfadonha do pregador. — "Por que olhas o cisco no olho de teu irmão e não percebes a trave que está no teu? Todo aquele que vem a mim, ouve minhas palavras e as põe em prática é semelhante ao homem que, construindo uma casa, cavou bem fundo e assentou os alicerces sobre a rocha. Vindo a enchente, bateu com ímpeto contra aquela casa, mas não a pôde abalar. Quem, pelo contrário, ouve e não pratica assemelha-se a um homem que construiu uma casa sobre a terra, sem alicerces. Vem a enchente contra ela e logo *ismorona...*"

Rebentaram aplausos misturados a assovios.

— Posso apostar que em casa ele faz tudo ao contrário do que prega! — riu baixinho a grandalhona, cutucando-me com o cotovelo.

Foi nesse momento que a revi, do outro lado do espaço onde estava a feira. Mas somente por um instante. Depois desapareceu, como um fio de fumaça que se dissipa, deixando-me tomado por uma grande perturbação.

Afastei-me depressa, tomando a direção do cais do porto, num redemoinho de pensamentos.

Dando alguns passos em direção ao poente, vi-me diante de uma longa fila de homens à espera de subir a escadinha que levava ao convés de uma magnífica carraca de pelo menos cem toneladas de arqueação, completamente reformada. Em seu flanco, uma escrita recente dizia: *Trinidad*. Exatamente o que eu procurava. Assim que me acalmei um pouco, fiz algumas perguntas aqui e ali e entrei na fila. No fundo, estava ali para isso.

Quando, uma hora depois, pude subir a escadinha e ficar diante do convés da *Trinidad*, tinha recuperado totalmente o controle. Não me foi difícil avistar a figura contraída daquele que tinha o comando, o almirante Magalhães em pessoa. Todo vestido de preto, porte exíguo, rosto largo e vulgar, expressão enfastiada, sentava-se a uma mesinha empunhando uma pena de ganso que de vez em quando mergulhava num tinteiro para, em seguida, aplicá-la sobre o registro aberto à sua frente. Era baixinho, como dizia, mas com costas mais largas que o normal, embora achatadas; mãos grandes e atarracadas, olhos pretos e encovados sob as sobrancelhas espessas e desarrumadas, uma barbicha eriçada que se alongava sobre o peito, começando a agrisalhar-se, e lábios salientes que ostentavam um perene desgosto. Movia-se com compostura, pesando cada palavra com a balança de um ourives, e tinha o ar de quem olha o mundo de uma certa altura. Ao lado dele, ereto como um mastro corroído pela maresia, mas bem diferente no semblante, estava um pançudo que todos chamavam com respeito de *Señor Faleiro*, e que tinha fama, pelo que ouvira dizer, de ser excelente cartógrafo. Era, também ele, português. Passava uma impressão ridícula, movendo-se aos solavancos e retorcendo continuamente a cabeça de um lado para o outro, como se tivesse torcicolo ou algum trejeito de natureza nervosa. Com frequência, inclinava-se e sussurrava ao ouvido do sócio.

Do outro lado, montando guarda, com a mão nodosa no cabo do cris[2] enfiado na cintura, aquele que parecia ser um malaio (tinha encontrado alguns em minhas viagens), baixo e magro, de pele morena e reluzente, cabelos soltos de um preto betuminoso, nervos tensos e olhos que pareciam facas. Devia tratar-se de Henrique, o escravo do qual também me tinham falado. Magalhães o comprara em Malaca por um preço irrisório (ninguém saberia dizer quem era mais pobre, o escravo ou o dono). Um jovem que caíra em desgraça por dívidas de jogo e se resignara a seguir o bastão de seu senhor aonde quer que este o guiasse.

Fiquei à espera o tempo necessário, passando o olhar do almirante para Henrique e de Henrique para Faleiro, cujo aspecto não cessava de me impressionar: parecia o enxerto de uma cabeça de menino no corpanzil de um velho sátiro. Enquanto esperava, troquei algumas palavras com quem me precedia na fila, tentando extrair informações úteis, porém com pouco êxito. Quando chegou minha vez, avancei meio hesitante e meio audacioso. Magalhães levantou o olhar e pareceu tomar minhas medidas. Juro que, não fosse pelo bater das pálpebras, diria se tratar de uma estátua.

– Nome? – perguntou de supetão, com uma voz aguda que muito me surpreendeu num homem com aquelas feições, e lançou um olhar para meu dedão imundo.

– Chamo-me Elcano. Sebastián Elcano.

– Origem? – Agora me fitava nos olhos com prepotência.

– Venho da Getaria, na província de Guipúscoa, País Basco – respondi. – E não existe terra melhor – acrescentei logo em seguida, sorrindo em busca de aprovação.

– Melhor para fazer o quê? – devolveu ele e, sem me dar tempo de responder, emendou outra pergunta bem pouco pertinente: – Sua família tem propriedades por aquelas bandas?

---

[2] Cris: punhal malaio, de lâmina ondulada. [N.T.]

— Nem a cama onde dormem – me gabei de responder. – Pobres de tudo. Embora não lhes faltem títulos e linhagem, se valerem alguma coisa hoje em dia.

— Compreendo. Habilidades e experiências anteriores pelo menos deve ter.

— Não tenha dúvidas. Fui timoneiro nas últimas quatro viagens às Índias e ao Bornéu. Se me permite, posso garantir que não há timoneiro melhor de Sevilha ao Porto de Palos. – E levantei a mão, mostrando a palma em sinal de juramento.

— De conversa todo mundo é bom. Enquanto se está em terra, é fácil ser o melhor timoneiro do mundo – respondeu Magalhães.

— Pois sim – cuspi nas mãos e plantei-as diante do rosto dele. – Olhe! Grandes e robustas. Firmes como rocha. Mas é principalmente nesta que eu confio – disse, tocando a têmpora. – Miolo na cabeça, eis o segredo de todo bom oficial. E, se me permite, isso não me falta; aliás, tenho de sobra.

— Suboficial – corrigiu-me ele.

— Claro – segui adiante. – Sem contar que tenho uma vista de falcão.

Dizendo isso, quase por graça, puxei do alforje que trazia a tiracolo uma grossa lente focal, que aproximei do olho direito enquanto me esforçava para manter fechado o esquerdo, apontando o olhar na direção dos bairros orientais de Sevilha assentados sobre a vertente de uma colina, pouco abaixo da fileira de moinhos de vento.

— Quer que lhe diga o que está escrito na placa pregada naquele edifício amarelo lá adiante?

— Guarde isso, e menos palhaçadas. Não acho graça.

— Pois aposto que nenhum dos presentes é capaz de ler a tal distância... "Brigantino" é o que está escrito. E agora me diga se não pode se mostrar útil um olho como o meu!

— Aposto que é ali que está hospedado – foi o comentário do almirante.

– Como quiser – apressei-me em dizer. – Porém já aviso: não sou bom só de conversa, embora com os selvagens isso também possa se mostrar útil; como terá oportunidade de confirmar, quando necessário sou um homem de ação, prático e confiável. E bom combatente, ainda por cima.

Percebi que alguma coisa caminhava em meu nariz. Ergui a mão e a peguei. Era uma aranha, daquelas peludas. Joguei-a no chão e, praguejando, pisei nela várias vezes, como se uma só não bastasse.

Por pouco Magalhães não caiu na risada. Vi quanto esforço fazia para se segurar.

– Não seja bufão – repreendeu-me, ainda que em tom quase bem-humorado. – De qualquer forma – acrescentou, até para afastar o meio sorriso que se insinuava em seus lábios –, um bom timoneiro é o que precisamos, e até agora não encontrei nenhum que me servisse. Não para a *Trinidad*, pelo menos. Pergunto-me, todavia, se o senhor é mesmo o que sustenta ser.

– Ponha-me à prova – disse com ousadia.

– A seu tempo. Mal começamos a nos conhecer. Mas é isso que vou fazer. Mostre-me a licença de embarque.

Tirei do alforje a folha surrada, com manchas aqui e ali, e entreguei a ele. Pegou-a entre o polegar e o indicador e começou a examiná-la de cima a baixo, de um lado e do outro, com muita atenção.

– Muito bem – assentiu. – Tenerife, Cabo Verde quatro vezes, Moçambique duas, Calicute duas, Goa, Timor, Bornéu, Ternate. Nada mal. É bem o que preciso. Desde que seja tudo verdade. Quero colocá-lo à prova: se encontrar vento acima dos 25 nós, o que faz?

– Vou de popa, se a rota permitir; ergo a varredoura e reduzo o velame. À bolina o barco bateria forte, arriscando acabar de través.

Vi que ele aprovava com a cabeça.

– Quando o vento aumenta e fica forte e agressivo – acrescentei, arriscando exagerar –, uma forra de rizes ou uma mudança de estai, se feitas em tempo, são moleza. Se atrasadas, tornam-se cansativas e às vezes arriscadas. Muitas vezes tende-se a esperar, por receio de perder aquele vento bom que empurra rápido por sobre as ondas. É um erro que mesmo os mais experientes cometem. Quando se dá pano demais em relação ao vento, o barco não vai mais rápido, muito pelo contrário. Só fica mais adernado e bem menos dócil ao leme.

– Muito bem colocado – e reforçou a anuência com a cabeça. – Como estima a força do vento?

– Com base em seus efeitos no mar e no barco, até uma criança saberia dizer. Basta dar uma olhada na superfície da água. É preciso prática, é claro. Quando as ondas espumam, significa que é vento de uns dez nós. Quando engrossam e batem, estamos em torno de vinte. É preciso rizar e usar a vela de estai pequena. Quando o vento arrasta a espuma das ondas que arrebentam, formando longas faixas esbranquiçadas que se estendem na sua direção, estamos em torno de trinta. É hora de reduzir ao máximo a vela grande e usar a menor vela de estai que tiver. Na navegação à bolina ou de través, é o próprio barco, com seu adernamento, que vai dizer se está com pano demais. Contudo, é preciso atenção: quando se navega à popa, o barco não aderna muito, e é fácil subestimar o vento. Na dúvida, é sempre melhor reduzir.

– E com vento de tempestade?

– Reduzir o velame não basta – respondi, incorporando de vez o papel. – É preciso se preparar para o pior. Reduzir o que for possível. Depois, arrumar o barco, cuidando para que o convés e o poço estejam desocupados e tudo esteja em ordem e bem fixo: cabos, botes, sacos de velas, objetos na coberta. E todas as aberturas fechadas: claraboias, escotilhas e tudo o mais. É preciso sobretudo manter distância da costa, especialmente se for rochosa, e também das águas rasas e dos portos com entrada estreita e impenetrável. Se o porto estiver a barlavento, vale a pena tentar entrar, embora seja provável que precise navegar contra o vento. Mas se estiver a sotavento, é melhor não arriscar. O barco iria de encontro a ondas ainda mais gigantescas em razão das águas rasas. Na dúvida, melhor ficar ao largo.

— Digamos que resolva ficar no mar esperando que a tempestade acalme. Qual seria sua conduta?

— Se estiver em mar aberto, com vento de tempestade e mar grosso, as possibilidades são duas: marear com o vento pela popa ou ficar à espera, conforme mandar o vento. Se soprar na direção certa, a melhor navegação é aquela em largo aberto, com a vela grande rizada ao máximo e o estai de tempo. Em condições extremas, amaina-se também a vela grande e se prossegue só com a vela de estai.

— E se não se estiver em condições de correr em popa?

— Aí só resta pôr-se à capa, com a vela de estai cambada, a vela grande parcialmente abafada e a cana do leme travada a barlavento. A cana do leme deve ficar travada toda para um lado. Nessas condições se avança bem devagarinho, derivando a sotavento. Pode-se ficar à capa por horas ou dias. Mas em metade de um dia o barco não se deslocará mais que algumas léguas.

— Como assim? O senhor sugere, se não entendi mal, manter distância da terra firme?

— Comandante, o senhor deve estar brincando comigo. Qualquer um que conheça um pouco o mar sabe que são as correntes que influenciam o movimento das ondas, e sabe também que as correntes se manifestam com mais força nas proximidades da terra firme. É por isso que é preciso manter distância dos cabos, dos canais entre as ilhas, da foz dos rios. A não ser que a forma da ilha ou da costa seja apropriada para romper o movimento das ondas.

— E com ondas longas e altas, como se comporta ao leme?

— Pego-as pela alheta, ou seja, pela popa, ou pela amura.

— Isso deve bastar.

— Passei no exame?

— Diga-me uma última coisa: que razões tem para embarcar com tanta pressa?

– O que o faz pensar que eu tenha alguma? Fiquei esperando na fila como todos!

– Responda. Contas pendentes com a justiça? Dívidas com o erário? Considero a sinceridade o mérito mais estimável num suboficial de marinha.

– Já que é assim... – disse, coçando tão furiosamente a nuca que parecia até estar com piolhos. Convinha abrir o jogo – não por inteiro, só a parte menos inoportuna. Omiti, portanto, a escuna que contrabandeara e vendera a uma dupla de armadores venezianos, o homem que esfaqueara numa taverna de Cádiz... Em minha defesa, é preciso dizer que a facada não foi fatal, tanto que o patife (que me devia um bom dinheiro) não só escapara da morte como, se bem o conheço, devia ter-se entocado em algum canto remoto, empanturrando-se de peixe podre e aguardente e esperando que eu me cansasse de caçá-lo.

– É só isso? – perguntou Magalhães, ao final.

– Pois é claro. Que eu tenha um ataque de calvície se estiver mentindo. Pode verificar minhas credenciais na *Casa de Contratación* – disse, brincando com a sorte. Se ele se desse ao trabalho de fazê-lo, adeus trabalho.

– Não me importa nem um pouco – disse Magalhães, para minha surpresa – se meus marinheiros têm contas pendentes com a lei. São questões que não me dizem respeito. Mas quando nos encontrarmos em mar aberto, quero saber com que tipo de homens, ou, melhor dizendo, com que raça de canalhas estou lidando, certo? Especialmente se forem graduados... Assim como contei e anotei cada prego, cada imundo cabo, cada maldito remo, cada amaldiçoado arcabuz deste excomungado navio, também quero conhecer até o último fiozinho de cabelo cada homem que subirá a bordo dele e viajará sob o meu comando. Entendido?

– Pois então saiba – disse eu, no tom mais espirituoso que consegui – que menos de uma semana atrás larguei esposa e filhos para vir até aqui, e agora os três irmãos da minha doce cara-metade estão me caçando para levar-me de volta à força ou me arrancar o couro, e é por isso que pareço dominado pela pressa. Isso pode ser um obstáculo? – E dei um sorrisinho fajuto.

Ele encarou-me por um instante. Estava começando a gostar de mim.

– Este será seu pagamento – disse com uma voz de corneta. Escreveu uma cifra no registro, ao lado da palavra "timoneiro". – Pegar ou largar.

– Para mim está ótimo – respondi, empolgado até um pouco demais. – E agora, se me permite: para onde dirigiremos a proa?

– Será informado no momento da partida. É tudo.

– Um procedimento insólito.

– Se não lhe convier, pode abrir caminho e ceder o lugar para aqueles que estão esperando ansiosos atrás do senhor. E são muitos.

– Não foi isso que eu disse. O trabalho me interessa.

– Pode colocar uma assinatura aqui – disse, virando para mim o registro aberto sobre a mesa, sobre o qual corria uma centopeia.

– Uma última coisa – disse. – Quanto tempo se prevê que ficaremos no mar? Isso pode-se esperar saber? Pergunto para ajustar o que falar em casa.

– Não acabou de jurar que abandonou a família?

– Ainda me resta, porém, um velho pai, viúvo há dois lustros, que depende deste que vos fala.

– Diga ao seu velho pai que precisará conformar-se e encontrar outra pessoa para provê-lo por ao menos um par de anos, entendeu? Piscou-me um olho.

– Dois anos? – disse eu. – Deve tratar-se de algo realmente grande para levar tanto tempo!

– Então, quer assinar, por favor? Senão, abra caminho.

– Mas é claro. Dê-me a pena.

Assim que a peguei, desenhei um rostinho sorridente no ponto que me era indicado, parecendo-me este um modo de assinar mais coerente com a ideia de homem que ele devia ter formado de mim.

– Quando devo me apresentar para o embarque? – perguntei.

– Escreva aqui embaixo o endereço. Mandaremos avisar.

– De acordo – resmunguei.

– Ah! – fez ele assim que bateu o olho no que eu tinha escrito. – Vejo que sabe manejar o alfabeto. E que, naturalmente, está hospedado no Brigantino.

Só então me dei conta de ter sido descoberto duas vezes e sem remédio.

– Por quê? Conhece-o? – disse, fazendo-me de desentendido.

– De vez em quando vou tomar um golinho por aqueles lados – admitiu. – É frequentado por gente não muito recomendável, dizem.

– Deixemos que digam.

– Sim. E também porque é ali que me hospedo ocasionalmente, de um mês para cá. Peguei um quarto para ficar mais perto do porto o quanto basta e quando necessário. Em parte, transformei-o em escritório marítimo. Perguntava-me onde já o tinha visto – agora já sei.

Ouvindo isso, o *Señor* Faleiro se inclinou e murmurou alguma coisa em seu ouvido.

– Já viajou para o poente? – perguntou Magalhães.

– Pelo caminho de Colombo?

– Exatamente.

– Saiba que este que vos fala é um admirador do *Señor* Vasco da Gama. Foi ele e não Colombo a traçar a rota das especiarias e alcançar primeiro as Índias, dobrando a África e tirando do caminho maometanos e venezianos de uma só vez! Colombo não descobriu nada além de florestas insalubres e índios preguiçosos! Nada pelo que valesse a pena botar no mar uma caravela. Onde está o ouro? Onde estão as especiarias? Alguém já viu Colombo trazer para a Espanha pimenta, noz-moscada, cravo-da-índia ou outra coisa? E escravos? Nem sombra. Mas, de qualquer forma, a resposta é sim: dois anos atrás embarquei num galeão com rota rumo ao Brasil, mas uma avaria nos impediu de prosseguir. A viagem terminou em Santiago de Cabo Verde, maldito azar!

– Então, nunca esteve no Brasil – apertou ele.

– É importante que tenha estado?

– Já entendi – interrompeu-me. – O senhor é do tipo que faz de tudo para satisfazer cada desejo, por menor que seja, de quem lhe paga. Então, se for oportuno que tenha estado no Brasil, encontrará um modo de ter estado, estou certo?

– O senhor está fazendo uma ideia errada de mim. Não seria uma forma de eficiência, essa minha? – rebati.

Trocamos um olhar quase de compreensão. Olhei em volta: o semblante de Faleiro estava mais sombrio que uma galeria sem saída.

Coçando a nuca, um pouco encurvado pelo embaraço, comecei a gaguejar.

– Já basta – Magalhães deteve-me. – Tenha a bondade de abrir caminho. E esteja pronto.

– Como ordena, capitão.

– Capitão-general, por favor – corrigiu-me.

– Claro, capitão-general... Mas ainda haveria duas coisinhas que gostaria de perguntar, se me permite...

– Estou ouvindo – disse ele, com um jeito de quem convida a não abusar demais.

– Quem será o piloto?

– Chama-se Estêvão Gomes. Conhece-o?

– Ouvi falar. Falam bem dele. Fez seis vezes a rota das Índias. Costuma encharcar-se um pouco, mas é um homem incansável, ao que parece. Ainda que a fama geralmente goste de zombar da realidade das formas mais fantasiosas. Digo por experiência própria.

– Saiba, de qualquer modo, que serão dois pilotos. Quanto ao segundo, ainda o estou procurando. Pus os olhos num certo Rodríguez de Mafra.

– Nunca ouvi falar. O nome, é claro, não promete nada de bom.

– Não diga bobagens. Algo mais?

– Tinha um último pedido. Seria possível receber um adiantamento? Sabe – esvaziei os bolsos e abri o alforje, mostrando o mísero conteúdo –, já não me resta nada além de um punhado de moedas para as necessidades mais urgentes, e não queria morrer de fome no melhor da história. Nesse caso o senhor ficaria com um timoneiro a menos e, como pode entender, não seria um bom negócio para ninguém...

– Pode parar – interrompeu-me.

– Não damos adiantamentos – interveio Faleiro, brusco. – Se a notícia se espalhar, muitos vão querer o mesmo tratamento, e quem garante que boa parte dos arrolados, uma vez embolsado o adiantamento, não vá desaparecer?

– Tudo bem, aqui está – disse, porém, Magalhães, tirando do bolso algumas moedas de ouro. – Espero poder confiar, Sebastián Elcano, do País Basco. Já estive lá uma vez, boa gente.

E piscou outra vez.

– Pois é, é o que eu digo também – respondi.

– Bem, se não há mais nada...

Fiz que não com a cabeça.

– Se é assim... – e fez um gesto com a mão, convidando-me a ceder o lugar.

– Fique sóbrio, está bem? – disse-me por fim, enquanto eu girava nos calcanhares. – E compre um par de sapatos.

– Farei isso, comandante – respondi, olhando para o dedão do pé. – Meus cumprimentos – disse então, dirigindo-me a Faleiro com um aceno de reverência em resposta ao seu olhar tempestuoso, e fulminando com o olhar os que esperavam atrás de mim.

Chegando à escadinha, virei-me outra vez. Foi então que vi Magalhães se levantar e dirigir-se, em poucos passos curtos, até um oficial para dar uma ordem. Nem conto qual não foi minha surpresa ao perceber que ele mancava penosamente, arrastando como peso morto a perna esquerda, rígida e inutilizável. Uma lança marroquina cortara-lhe um nervo do joelho, eu descobriria mais tarde. Desviei o olhar e desci apressado, quase rolando escada abaixo.

De todas as coisas que me voltam à mente cada vez que relembro aquele encontro, o que nunca deixa de me impressionar é a franqueza da conversa. Uma vez em alto-mar, acho que nunca mais ouvi Magalhães empregar palavras tão afáveis quanto naqueles dias em terra firme. Uma vez em seu elemento, transformou-se num indivíduo enigmático, fechado numa espécie de mudez rancorosa, capaz de vinganças e propósitos belicosos nutridos por dias e meses antes de desferir o golpe, que vinha somente quando tinha certeza do efeito. Naqueles momentos de serenidade, alguma coisa devia tê-lo deixado de bom humor. Não podia imaginar que tivesse sido a notícia, recebida poucas horas antes do nosso encontro, de que se tornara pai.

E assim, enquanto voltava à estalagem, um passo após o outro, não conseguia deixar de pensar no homem que seria meu senhor absoluto por dois anos, e talvez mais. Não, por Deus, não conseguia formar uma ideia precisa daquele indivíduo instável e obscuro nas profundezas. E isso não me agradava. Porém, quanto mais me atormentava, menos conseguia achar o fio daquela meada. Quem era de verdade aquele homem, aquela espécie de mistério encarnado, que em tão pouco tempo ganhara notoriedade, ainda mais em terra estrangeira? Que virtudes ocultas possuía? Mil vezes me fiz essas perguntas sem encontrar resposta. Tudo que posso fazer, portanto, é relatar os fatos crus, sem me aventurar em juízos. Tudo aquilo que sabia, e que ainda sei a seu respeito, mesmo depois de muitos anos, é o que segue. Queiram considerar cada coisa com cautela. Será a história a fazer justiça a seus protagonistas – ao menos assim espero.

A HISTÓRIA DE VIDA DE MAGALHÃES era algo tortuoso e profundamente mergulhado em mistério. E se acham que estou exagerando, quer dizer que ainda não entenderam nada.

Para começar, parece que tinha viajado nada menos que doze anos ininterruptos por todos os mares do globo (nos dois hemisférios) nos navios do rei de Portugal, indo de *sobresaliente* a capitão condecorado. Malaca, Calicute, Sumatra, Bornéu, Marrocos: de todos os lugares trouxera ferimentos de confrontos com selvagens e retalhos de glória (o que quer que ela valha). Naqueles anos, especializara-se nas técnicas de guerra, tornando-se hábil no uso da espada e do arcabuz, além de conhecedor dos costumes e das insídias das populações indígenas, entrando em contato com toda sorte de tipos humanos e raças (que em última instância, para dizer a verdade, acabam todas por se assemelhar). Além disso, tornara-se mestre em navegação, aprendendo a manter firme a cana do leme e a fazer bom uso da bússola, das velas e de todos os outros instrumentos; dominando a arte de ler os mapas e portulanos, de usar o fio de prumo, os remos, as pás e os botes; e experimentando todo tipo de condição climática e ambiental, das calmarias aos ciclones mais infernais. Tendo voltado para casa em razão da ferida na perna que mencionei e que o deixara inválido, parece que passou uma sequência de anos deprimentes de licença. Gozara, porém, do privilégio de frequentar a corte, uma vez que pertencia à pequena nobreza do campo – provinha de Sabrosa, na província de Trás-os-Montes. E, na qualidade de fidalgo escudeiro, fora-lhe concedida uma pensão anual de 1.850 réis, uma miséria indecente, para dizer a verdade. Não tinha, à época, mais que 35 anos.

Tendo, porém, entrado em conflito com seu soberano por uma sórdida questão envolvendo ovelhas (que teria subtraído ao erário para revender aos mouros), e não pretendendo este em nada mais favorecê-lo por essa razão, muito menos conceder-lhe permissão de embarcar em navios da Coroa rumo a novas aventuras, Magalhães obteve permissão para se mudar para a Espanha, aonde chegou em 20 de outubro de 1517. Aqui soube conquistar a simpatia de Dom Diogo Barbosa, notável do *barrio* de Santa Cruz, alcaide do arsenal e seu parente distante, e casou-se com sua filha, Dona Beatriz, garantindo dessa forma um rico dote (seiscentos mil maravedis), além de se tornar cidadão espanhol e *vecino de Sevilla*. Graças ao novo status, conseguiu obter uma audiência junto à *Casa de Contratación*, numa sala repleta de papéis, portulanos, mapas-múndi, bússolas, ampulhetas, quadrantes, astrolábios e telas representando naufrágios e resgates no mar.

Era o primeiro passo na direção do objetivo que definira para si mesmo. De fato, qualquer um que pretendesse iniciar uma nova exploração marítima sob a bandeira espanhola devia apresentar-se a esse escritório real, que detinha o monopólio das contratações e das mercadorias provenientes das colônias, com o poder de verificar a competência dos pilotos, nomear os capitães e conceder licenças de embarque. Tendo, porém, saído do primeiro encontro de mãos abanando, Magalhães alçou o olhar a céus mais elevados, conforme seus hábitos.

Graças a relações sabiamente tecidas (em especial com o diretor da própria *Casa de Contratación* que o havia recusado, Dom Juan de Aranda, o qual pouco tempo depois quisera encontrá-lo na própria casa para lhe oferecer seu apoio particular), ganhou uma suada audiência com o rei em Valladolid (onde este se encontrava havia meses entre festas, torneios, caçadas e banquetes) e logo o persuadiu a confiar-lhe uma frota. O escopo da viagem era alcançar as fabulosas Ilhas das Especiarias, mas não como os portugueses, pelo caminho do levante, circum-navegando a África, percorrendo o Oceano Índico e por fim velejando pelo Mar de Sonda, mas sim contornando as Américas (que era a direção atribuída pelo Santo Padre à Espanha), embora a maior parte dos cartógrafos costumasse representar nos mapas aquele remoto continente como terra soldada ao Polo Antártico. Na pior das hipóteses, abriria caminho através de uma passagem secreta que Magalhães afirmava ser o único a conhecer. Esse *paso* ou *estrecho* entre o Atlântico e aquele que posteriormente seria chamado Oceano Pacífico, mas que naquele tempo não passava de uma obscura extensão de água à qual fora atribuído o nome genérico de *Mar del Sur*, devia situar-se nas proximidades do quadragésimo paralelo, a crer no que revelavam os mapas que Magalhães dizia possuir.

Essa já tinha sido a ideia de Colombo, para dizer a verdade. A *Capitulación*, que nosso gracioso soberano teve a benevolência de assinar com Magalhães e Faleiro, portugueses, apondo-lhe o selo real e a assinatura de seu próprio punho ("O *el Rey*") e fazendo-o ser divulgado em todos os cantos do reino ("Todos os funcionários do Reino de Espanha, desde o maior até o mais modesto, devem prestar ao almirante e capitão-general Fernão de Magalhães, cavaleiro da Ordem de Santiago, em tudo e por tudo, o auxílio de que este necessitar e que solicitar diretamente ou por meio de seus mensageiros e representantes"); tudo isso, eu dizia, deu início à grande aventura. Naquele contrato, selado em 22 de março do ano do Senhor de 1518, eram atribuídos a Magalhães e Faleiro os seguintes benefícios (anotei esta passagem do documento original porque dá o justo tom e a cor exata): "Uma vez que vós, Fernão de

Magalhães, cavaleiro do Reino de Portugal, e Rui Faleiro, donzel do mesmo Reino, vos propondes a prestar-Nos um grande serviço nos limites da zona do oceano que Nos foi atribuída, ordenamos que para tal escopo seja convosco firmado o acordo que segue: por dez anos disporeis do direito exclusivo de exploração da rota que abrirdes; ser-vos-á concedida a vigésima parte de todos os ganhos obtidos com os territórios que descobrirdes, dos quais vós e vossos herdeiros assumireis o título de governadores; e conservareis a possibilidade de explorar livremente duas ilhas, se descobrirem mais de cinco".

Qualquer alusão às Molucas fora omitida para evitar tensões com o rei de Portugal, permanecendo como objetivo oficial da missão unicamente descobrir uma passagem entre o Atlântico e o *Mar del Sur.*

Tudo isso, é claro, vim a saber tempos depois, inserindo as informações num complexo mosaico do qual somente agora possuo a maior parte das peças.

Em todo caso, o que quer que se pense em relação a esta aventura, uma pergunta não se pode evitar, pois da resposta depende a sentença que a posteridade proferirá a respeito de Fernão de Magalhães: o que convenceu o rei a financiar tal empresa e confiar a um estrangeiro uma frota tão soberba? Alguns sustentam que o português tivesse se apossado de cartas náuticas secretas de valor inestimável, subtraindo-as da Casa da Índia e da Tesouraria Real, ou seja, do arquivo pessoal de Dom Manuel, junto à corte de Lisboa: mapas, portulanos, diários de bordo dos pilotos que retornavam do Brasil, cadernos de anotações dos capitães que tinham dobrado o Cabo da Boa Esperança, cartas de exploradores que tinham percorrido aqueles oceanos distantes e alcançado as Ilhas das Especiarias, recolhendo material de toda sorte e trazendo para sua pátria informações que constituíam um precioso legado para a Coroa de Portugal e que por essa razão eram zelosamente guardadas na Tesouraria. A tal ponto que um decreto real de 1504 proibia a divulgação até do mais insignificante documento relativo à navegação para além do Rio Congo, de modo que os estrangeiros não pudessem tirar vantagem das descobertas de Portugal.

Naquela época, cada nação se empenhava em manter ocultos os resultados de suas expedições. Em algumas daquelas cartas, parece que havia a indicação de uma passagem através das Américas que permitiria alcançar pelo poente as Índias e as Ilhas das Especiarias, no piscoso Mar de Sonda, percorrendo um oceano tão desconhecido quanto vasto – que Núñez de Balboa pudera apenas vislumbrar das alturas do Panamá alguns anos antes – e com isso encurtando as distâncias. E, sobretudo, evitando um confronto aberto com os navios portugueses que batiam aquelas rotas pelo oriente na tentativa de guarnecer os mares desde Gibraltar até o Estreito de Malaca e manter o domínio sobre os portos ao longo das costas africanas. Muitos anos depois, o mundo saberia que aqueles mapas secretos, que fizeram Magalhães e Faleiro supor a existência de uma passagem nas proximidades do quadragésimo paralelo, ao longo das costas do Brasil, ou ainda mais ao sul, haviam sido traçados, não sem equívocos, por Martin Behaim, cartógrafo na corte do rei de Portugal até sua morte, ocorrida em 1507.

Parece que Magalhães, em audiência privada com o rei, teria ousado afirmar em termos peremptórios o seguinte, ainda que num latim sofrido, uma vez que o jovem soberano não falava nem espanhol nem português:

– Alteza, existe uma passagem do Oceano Atlântico ao *Mar del Sur* atravessável mesmo por grandes embarcações. Eu sei disso e conheço o local e o ponto. Dai-me uma frota: mostrarei onde se encontra e darei a volta na Terra do Ocidente para o Oriente com um só percurso ininterrupto, revelando a existência de uma via ocidental mais ágil para as Índias e o Mar de Sonda e retornando carregado de mercadorias, com a promessa de aumentar em pelo menos duzentos ducados ao ano as riquezas de Vossa Majestade.

Eu mesmo, durante um jantar a bordo da *Trinidad*, quando estávamos prestes a alcançar a Baía de Santa Luzia e as coisas começavam a tomar um rumo desagradável, ouvi-o pronunciar palavras semelhantes, quase como se quisesse convencer a si mesmo:

– Eu encontrarei aquela passagem, podem apostar. Eu, somente eu, sei que há um acesso do Atlântico ao *mare ignotum*, e sei em que ponto se encontra. Vou lhes provar.

Àquele discurso carregado de paixão, Faleiro acrescentara de sua parte uma demonstração de como tal viagem permitiria a Sua Majestade apropriar-se daquilo que Lhe cabia de direito, encontrando-se as Molucas entre dois graus e meio e quatro graus de longitude leste, portanto, na zona de competência espanhola (isto é, no hemisfério oeste) e não naquela de influência portuguesa (como sustentavam os rivais), conforme o estabelecido no Tratado de Tordesilhas do ano da graça de 1494. Em suma, girando um grande globo diante dos olhos extasiados do soberano, Faleiro repetira os cálculos que situavam as *Islas de la Especería* no hemisfério de competência espanhola, ou seja, a oeste da linha de repartição traçada pelo Santo Padre. Aquela viagem, concluíra Faleiro, apenas confirmaria isso. Sem contar que os portugueses haviam iniciado o comércio com aquelas ilhas havia pouco mais de um ano, e ainda não tinham estabelecido bases estáveis lá, portanto não as controlavam por inteiro, nem tampouco com mão firme. Precedê-los serviria para mantê-los fora da disputa, provavelmente por bastante tempo. E como se sabe: existe música mais celestial que aquela que desejamos escutar? O que poderia extasiar mais nosso soberano que ouvir sussurrarem em seu ouvido aquelas doces palavras? Especialmente depois da leitura de trechos das cartas escritas a Magalhães por seu companheiro de juventude Francisco Serrão, estabelecido havia muito tempo numa das riquíssimas ilhas (da qual se tornara grão-vizir) que constituíam a meta final de sua viagem; cartas que descreviam aqueles lugares como "maiores e mais ricos que as terras descobertas por Vasco da Gama e dotados de recursos mais preciosos até mesmo que o ouro de Guiné". Tudo isso prometendo fazer do rei da Espanha o monarca mais rico do planeta, se já não o era.

Eis por que o juveníssimo soberano respondera, com o proverbial hálito de leão capaz de derrubar quem se aproximava demais dele:

– Terão o nosso apoio.

E todavia, mesmo depois de obter o auxílio do rei, as coisas não se revelaram nada simples para as ambições de Magalhães. Mas aquele homem inescrutável alguma vez conseguiu algo sem pagar um alto preço?

Abyssus abyssum invocat.[3]

---

[3] "Um abismo chama outro abismo" – Salmo 42. [N.T.]

É SEMPRE O HOMEM A DAR O CARÁTER DA AÇÃO, nunca o contrário. Um ano e meio; esse fora o tempo empregado por Magalhães para armar os cinco navios confiados a ele pelo soberano, munindo-os de tripulação, víveres e artilharia suficientes para quatorze meses no mar e talvez mais. Uma frota soberba, capaz de suportar qualquer condição adversa: o calor dos trópicos, o gelo polar, as tempestades, as calmarias, as guerras no mar e em terra, o retorno à pátria com os porões sobrecarregados de ouro e especiarias. Magalhães examinara cada item levado a bordo, anotando-o num livro de registro. Tratara pessoalmente com funcionários estatais e portuários, mercadores, artesãos, fornecedores, marinheiros, soldados e até espiões. Não havia quilha, tábua, vela, bombarda ou despensa que não tivesse sido inspecionada por ele, do topo do mastro da mezena à ponta do gurupés. Dizia-se que armar aquela frota havia custado nada menos que oito milhões de *maravedis*, dos quais a Coroa desembolsara dois terços, enquanto o restante fora financiado por armadores. Os navios tinham sido reformados, e agora pareciam damas em traje de gala agitando seus leques decorados.

Quando Magalhães os vira pela primeira vez, deixara escapar:

– Mas por que navios tão antigos e surrados? Os cascos estão gastos, o costado está soltando estopa, as tábuas estão devoradas pelos gusanos[4] e pelo tempo, os paveses mal param em pé e os timões dançam nos cavilhões consumidos pela ferrugem.

Dom Juan de Aranda, que parecia fazer jogo duplo, um dia amigo e no seguinte adversário, respondeu-lhe falaciosamente:

– É tudo que se pôde encontrar, uma vez que a maior parte da frota real levantou âncoras há poucas semanas sob o comando de Cortez e o restante partiu rumo a Darién e às terras ao longo da Rota da Seda.

O comandante não respondeu, desde sempre acostumado a arranjar-se sozinho. Engenho não lhe faltava.

Nos estaleiros de San Juan de Aznalfarache, três léguas mais a jusante, numa enseada tranquila ao abrigo das correntes, as tábuas podres do costado dos navios foram substituídas; as quilhas, impermeabilizadas, calafetadas e limpas com cuidado. Magalhães em pessoa supervisionara os trabalhos e batera com os nós dos dedos em cada tábua para avaliar sua resistência e apurar se não estava corroída. As velas foram remendadas e repintadas com a Cruz de Santiago. Magalhães subira em cada embarcação para fazer inspeções que deixavam exaustos marinheiros e oficiais, às vezes exasperando-os. Não se tratava de navios velozes, mas sim de veleiros ideais para enfrentar o mar aberto e as longas travessias oceânicas, com porões espaçosos e um calado capaz de mantê-los seguros mesmo diante dos mares mais tempestuosos.

Reunir a tripulação revelou-se assunto mais complicado. Espalhara-se o boato de que a viagem teria duração indefinida, e de não menos que dois anos e meio. Alguns sustentavam que os navios se dirigiriam ao Polo Antártico e se esfacelariam contra as geleiras. Outros, convencidos de que a Terra fosse plana, asseguravam

---

[4] Gusano ou teredo: verme que se alimenta de madeira submersa, danificando navios. [N.T.]

que com certeza, ao final, iriam se precipitar no vazio sidéreo. E ninguém, nem mesmo os arautos e recrutadores espalhados pelo sul do país, até Cádiz e Málaga, pudera dar indicações acerca do destino, jamais citado na *Capitulación*. Por essas e outras razões, quem se apresentou foi a corja desentocada dos becos imundos e das tavernas mais mal frequentadas da Espanha: um bando de aventurados em busca de pagamento garantido, da oportunidade de participar de pilhagens e às vezes de começar uma vida nova. Pilotos, oficiais, soldados, timoneiros, marinheiros, gajeiros, canhoneiros, carpinteiros, fundeiros, tanoeiros, médicos, capelães, empregados, intérpretes. Uma babel de raças e línguas de arrepiar a pele. Desde o grego até o britânico (Andrew, o condestável,[5] era originário de Bristol) e o norueguês (um artilheiro gigantesco com a força de três homens). E até mesmo um mouro.

Magalhães queria colocar no comando de cada embarcação um homem de sua confiança, mas os funcionários da *Casa de Contratación*, munidos de um documento redigido de próprio punho pelo rei, impuseram-lhe três capitães espanhóis, de confiança do soberano (ou, mais provável, do cardeal Fonseca, que não perdera o hábito de conspirar). Isso alvoroçou a mente ordenada e otimista de Magalhães, que viu naquela decisão o sinal de uma falta de confiança e temeu que ocultasse ainda outras insídias, além da tentativa de minar seu poder supremo sobre a frota. Assim, no comando da *San Antonio*, com 120 toneladas de arqueação e 85 pés de comprimento, foi obrigado a tolerar o nobre castelhano Juan de Cartagena, primo do supracitado cardeal (amargo rival de Colombo, à época), a quem o rei havia ainda conferido o título de *veedor general*, uma espécie de inspetor-geral, e de *conjuncta persona*, do qual derivavam a função de coordenação da frota e a tarefa de "cuidar caso se verificasse qualquer negligência ou viesse

---

[5] Condestável: antigamente, chefe de artilharia. [N.T.]

a faltar a atenção e a prudência a bordo". Porém, não ficava claro se, por força desses títulos, ele também tinha o direito de vigiar as decisões do almirante – e tal ambiguidade foi a fonte de todo o mal e o verme da discórdia que levou mais tarde à memorável "Noite de San Julián".

Cartagena, alto e franzino, cavanhaque pontudo, elegantíssimo na túnica pregueada de mangas franzidas, era oficial da guarda real e um grande de Espanha, com renda anual mais que milionária. Apresentava-se aos encontros e no porto com um séquito de escudeiros, mordomos, capelães, mestres de caça, escravos, com o objetivo de suscitar a mais viva impressão. Mas o almirante e capitão-general jamais se deixou influenciar por tais encenações.

Se é verdade que o rei impusera o limite máximo de cinco portugueses a bordo, é igualmente verdade que Magalhães conseguira dar um jeito de se esquivar da proibição e, em meio aos protestos dos funcionários da *Casa de Contratación*, recrutara nada menos que trinta, entre os quais seu cunhado Duarte Barbosa (experiente viajante recém-retornado do Sião,[6] descobridor das ilhas de Ascensão e de Santa Helena, além de autor de um opúsculo que tivera certo crédito, intitulado *O livro de Duarte Barbosa*); o primo Álvaro de Mesquita, um sujeito de caráter frouxo; o ambicioso Estêvão Gomes, entre os mais hábeis timoneiros de Portugal, a quem o destino concedera o dom de olhar seus semelhantes do alto de quase cinco côvados[7] de estatura; e o transigente João Serrão, parente próximo do amigo Francisco Serrão, citado anteriormente, que vivia nas Molucas já havia alguns anos. Sem falar do fidelíssimo escravo Henrique. Se a estes somarmos o súdito da Sereníssima Antonio Pigafetta, o homem mais moderado e

---

[6] Sião: antigo nome da Tailândia. [N.T.]

[7] Côvado: antiga unidade de medida baseada na distância do cotovelo à ponta dos dedos. [N.T.]

maleável que já pisou a terra, e o aguazil-mor[8] Gonzalo Gómez de Espinosa, chegamos a pouco menos de uma dezena de pessoas nas quais Magalhães sabia poder confiar em caso de necessidade. Além da solidariedade esperada dos outros compatriotas a bordo.

Voltando às naus, a *Concepción*, de noventa toneladas, foi confiada, após hesitações, ao experiente comando de Gaspar de Quesada, baixinho, barrigudo e de cabelos brancos das viagens conturbadas rumo às Índias Ocidentais; enquanto aos cuidados do *hidalgo* Luís de Mendoza foi entregue a *Victoria*, de oitenta e cinco toneladas – além da função de tesoureiro da flotilha. A pequena *Santiago*, de apenas sessenta e cinco toneladas, ficou para o confiável Serrão, com seu jeito pacato. A função de intendente da frota ficou com o nobre Antonio de Coca, que embarcaria com um séquito de sete pessoas, entre empregados, pajens e confidentes, além de um traiçoeiro prelado francês de nome Bernard Calmette, conhecido como "a Rainha", pelo ar de grande dama que ostentava.

Magalhães reservou para si a *Trinidad*, com cento e trinta toneladas e sessenta pés de comprimento; não a mais imponente e melhor armada entre as carracas, mas certamente a mais rápida depois da *Santiago*.

Considerando a longa viagem que os aguardava, os navios foram carregados com uma quantidade exorbitante de material e equipamentos para reparos, além de tudo que pudesse vir a ser útil à navegação e ao comércio que tinham pela frente (incluindo tambores, alaúdes, flautas, vielas[9] e gaitas de fole, para alegrar a tripulação e seduzir os selvagens). E, naturalmente, provisões em abundância: das 20 mil libras de biscoitos de mar às 5.700 de carne de porco salgada; das 200 toneladas de sardinha aos 417 odres e aos 253 tonéis de ótimo xerez; sem esquecer os incontáveis barris de água doce; além

---

[8] Aguazil: antigo funcionário da justiça, oficial de diligências, meirinho. [N.T.]

[9] Viela: instrumento musical medieval de cordas. [N.T.]

de sete vacas, cinco porcos e dois carneiros, que garantiriam carne fresca. Não faltavam, é claro, as costumeiras bugigangas a serem utilizadas para as barganhas com os indígenas: espelhos, sininhos, chocalhos, canivetes, lenços, gorros de cores chamativas, aneizinhos de latão, pedras falsas, contas de vidro e roupas de estilo turco (que causavam uma viva impressão nos selvagens e nos sultões das terras distantes do Oriente). E ainda canhões, falconetes, morteiros, bolas de ferro, lanças, bestas, piques,[10] escudos, elmos e magníficas couraças, que fariam quem os usasse parecer invulnerável e quase divino. Por fim, pilotos e astrônomos embarcaram a carga delicada: bússolas, ampulhetas, planisférios, quadrantes, astrolábios, portulanos e dez grandes livros para os diários de bordo e para fazer anotações e redigir relatórios e atas. Quase me esquecia: dois padres, um astrólogo e um pequeno grupo de intérpretes, incluindo um conhecedor das línguas faladas no Brasil – um tal João Carvalho, português, que se casara com uma mulher daquelas terras, com a qual tivera um filho, Vasquito, também ele a bordo – e Henrique, especialista nos idiomas de raiz malaia, sendo originário de Sumatra.

Reunir tal universo foi um trabalho considerável, como se pode imaginar.

Porém, voltando a este que vos fala: uma vez garantido o trabalho, só restava esperar de braços cruzados, sem contudo desperdiçar a espera. Por dias fiquei de papo para o ar na estalagem do Brigantino, entornando cerveja e me divertindo com ocasionais *señoritas*. De vez em quando descia ao porto para espiar os trabalhos e passar o tempo. Foi numa dessas circunstâncias que assisti a uma cena singular e de não pouco significado.

Vagando pelo cais ensolarado, fui parar diante da *Trinidad*, rebocada para a terra depois de subir a corrente para ser calafetada e remendada, em meio aos odores de piche e de cânhamo,

---

[10] Pique: antiga lança de combate. [N.T.]

ao guincho das roldanas de madeira sob as adriças, ao som dos malhos batendo nos ferros e aos assovios e gritos dos marinheiros. De repente, surgiu do lado direito um grupo de desocupados que se aproximou dos carpinteiros que trabalhavam para fechar as fissuras com estopa e alcatrão e pregar com o martelo as tábuas do costado. Vi-os lançar olhares pungentes contra estes últimos, entre cochichos e risinhos meio abafados.

O homem à frente do bando, gordo feito um hipopótamo, totalmente calvo, lançou um olhar para a *Trinidad* e sorriu com escárnio:

— Senhores, num navio velho e remendado desse jeito eu não arriscaria subir nem para ir até a primeira escala das Canárias.

Os companheiros caíram na risada.

Logo em seguida, um deles apontou o dedo para cima e ouvi-o gritar:

— Uma bandeira portuguesa hasteada no mastro de uma nau espanhola! E ainda por cima num porto castelhano! É uma afronta que precisa ser lavada!

Ergui os olhos e vi que era isso mesmo. No mastro principal fora içado o que parecia ser um estandarte português.

Enquanto isso, tinha-se reunido uma multidão, atraída pela algazarra. Alguém começou a instigar a ralé, incitando os homens a atacar. Os mais agitados se lançaram para a escada:

— Vamos arrancar essa bandeira e pôr fogo nela!

A multidão tomou de assalto o navio.

Vi então surgir do castelo de proa a inconfundível silhueta claudicante de Magalhães, que vinha ao encontro da multidão com um olhar enfurecido. Desembainhou a espada. Alguém correu contra ele, reconhecendo-o.

— Morte ao português — gritavam os mais exaltados.

Magalhães repelia-os girando a lâmina; mas por quanto tempo?

Decidi intervir. Nunca fui um sujeito corajoso, mas ficar de braços cruzados seria humilhante. Puxei o punhal da cintura e me lancei em defesa do capitão.

A chegada do alcaide foi providencial. Subindo com um salto para o convés, depois de abrir caminho em meio à turba, cravou seus olhos em chamas no rosto de Magalhães, ordenando que embainhasse de volta a arma.

– Como ousa içar uma bandeira estrangeira num navio da marinha real? – perguntou, fincando o dedo no peito dele.

Magalhães fitou-o inflado de raiva.

– *Señor* alcaide, as bandeiras da Coroa Espanhola estavam içadas até ontem, porém foram levadas para pintar. Aquele que foi içado é o estandarte da minha família, que como almirante tenho o direito de exibir, com base no código de navegação.

Dito isso, afastou a mão do alcaide, que tinha permanecido fincada em seu peito.

Na hora, o homem não soube o que responder. Limitou-se a abrir os braços para pedir compreensão, fazendo sinal com os olhos para a multidão atrás dele.

– Tudo bem, vou mandar baixá-la, contanto que o senhor se empenhe em limpar o navio dessa gentalha – cedeu Magalhães, suspirando.

A multidão se alvoroçou.

O alcaide pareceu se irritar.

– Não estamos fazendo acordos, nem conduzindo tratativas. Ou obedece ou acabará a ferros – e assim dizendo, ordenou que se convocasse o capitão do porto. Este, um homúnculo mirrado de olhos fugidios, chegou logo em seguida escoltado por meia dúzia de aguazis, aos quais ordenou que levassem Magalhães preso. O que teria de fato ocorrido, não fosse a intervenção de Dom Felipe Matienzo, o mais alto funcionário da *Casa de Contratación*. Alertado do que estava acontecendo pelos marinheiros da *Trinidad*, ele se interpôs entre os guardas e Magalhães, gritando:

– Alto! – e chamando de lado o alcaide: – Se me permite... – e sussurrou-lhe no ouvido algumas palavrinhas com as quais, acredito, fez ver como era arriscado prender um almirante da marinha real a quem o soberano conferira, com um monte de cartas e selos, o comando supremo da frota, nomeando-o além disso cavaleiro da Ordem de Santiago.

O alcaide deu a impressão de vacilar.

Para pôr fim à incerteza, Magalhães deu um passo na direção deles. Confirmou sua disposição de baixar a bandeira imediatamente e anunciou que daria ordem à tripulação de evacuar o navio, deixando-o à mercê da multidão; isso sem se esquecer de mencionar que ainda se tratava de uma propriedade do rei.

Pego no susto, o alcaide começou a se agitar e ordenou aos aguazis que dispersassem a multidão, o que prontamente ocorreu.

Só então Magalhães deu sinais de notar minha presença. Pediu que me aproximasse.

– Comandante – disse, obedecendo. – Tudo bem quando termina bem.

– Caro Elcano, vimo-nos em maus lençóis. – Depois acrescentou: – Obrigado pelas louváveis intenções. – Dando assim prova, uma vez mais, de que nada lhe escapava.

– O senhor entendeu que diabos aconteceu?

– Quer mesmo saber? – disse ele, sinceramente espantado. – Pois saiba que aquela corja não veio aqui por acaso.

Olhei-o sem entender.

– Não notou quem estava à frente deles? E ademais se afastando assim que a situação começou a se esquentar?

Não sabia o que responder.

– Não, é claro, não tem como conhecê-lo.

– De quem está falando?

– Sebastião Álvares, o cônsul português.

– E por que ele instigaria a multidão?

– *Señor* Elcano, o senhor não tem ciência do quanto sou malvisto na corte de Portugal, tendo decidido me colocar ao serviço da Coroa de Espanha. O cônsul desce todos os dias ao porto, com um jeito de conspirador, para verificar como os trabalhos estão avançando, sempre esperando que algo dê errado, que a partida atrase ou seja adiada por tempo indefinido; e tudo na esperança de que Portugal, nesse meio-tempo, reforce seu domínio sobre as Molucas.

— Compreendo.

— No fim do dia, retorna ao consulado e faz um relatório para Dom Manuel, "o Afortunado"... Assim o chamam, por conta das riquezas acumuladas sem mover um dedo e de modo alheio à sua vontade.

— Fazer ironia com um soberano pode ser perigoso — observei.

— Ah não, todos falam disso. Em todo caso, não se iluda. De tanto rondar os navios, mais cedo ou mais tarde a ocasião aparecerá. Esse Álvares não faz outra coisa a não ser confabular com os capitães, procurando colocá-los contra mim. "Senhores", ele sussurra nas nobres orelhas deles, "como podem não se envergonhar de aceitar ordens de um aventureiro, ainda por cima estrangeiro e de linhagem tão baixa!". Minha estirpe e meu brasão não valem mais nada, a crer no que ele fala. E nem meu nome, já que não estou mais na corte de Portugal. Como se tivesse sido por vontade minha! O brasão da minha família foi queimado por ordem do rei na Quinta do Souto. Mas todas essas coisas o senhor não tem como saber, e muito menos compreender. Toda vez que olho na direção do cais, vejo aquele homenzinho rondando os navios, examinando a carga, estudando os movimentos, e tudo com o propósito de ter uma ideia do itinerário e da duração da viagem que nos espera.

— Realmente assombroso.

— Venha — chamou ele. — Eu lhe ofereço uma taça de xerez.

Não precisou dizer duas vezes; segui-o para a coberta do navio. Sua câmara era pequena e desconfortável. Indicou-me uma cadeira e sentamo-nos em volta de uma mesa de madeira coberta de migalhas. Pegou de uma despensa uma garrafa e duas taças, que encheu até a borda.

– Saúde – disse, e tomou num gole só. – Ah, portentoso!

– Saúde – respondi, imitando-o e solicitando mais uma taça, que ele me serviu. Depois fez o mesmo para si.

Notei que exalava da pele e da barba um odor animalesco pungente. No ambiente fechado percebia-se claramente, causando uma leve sensação de vertigem; depois que o nariz se acostumava, porém, ficava quase agradável.

– Saúde – repetiu.

– Saúde. À nossa missão... A propósito, em que consistiria? Gostaria de saber a que estou brindando.

– É compreensível – disse, pousando a mão no meu ombro. – Fique tranquilo, saberá no tempo certo. O senhor continua sendo o timoneiro da *Trinidad*, não se esqueça.

– E como poderia, se é só nisso que penso? A data da partida já está marcada?

– Ainda não, mas é questão de dias. Mesmo assim, nossos projetos podem ir por água abaixo a qualquer momento. Os inimigos não desistem. De todos, o mais perigoso é o embaixador Costa. Um mês atrás apareceu na minha casa, todo lisonjeiro, para tentar me convencer por bem. "Pense melhor. Volte para Portugal. Nosso soberano o acolherá de braços abertos, saberá recompensá-lo. Em Lisboa terá à disposição embarcações novas, não essas carcaças, além de capitães melhores e mais confiáveis e marinheiros experientes. Dom Manuel está disposto a lhe conceder o título de almirante e uma remuneração anual de oitenta mil maravedis, além de um título de nobreza mais elevado." Pois sim, sei bem o que estaria me esperando, se voltasse. Uma bela punhalada na garganta, isso sim. A verdade é que Dom Manuel nunca me viu com bons olhos e não sabe o que fazer com meus serviços... Além disso, dei minha palavra ao rei Carlos da Espanha, comprometi-me com ele e não pretendo trair sua confiança. Quanto a Costa, imagine que há alguns dias solicitou uma audiência com o rei Carlos para se queixar deste que vos fala.

— Não me diga — respondi, mas, com toda sinceridade, mal conseguia acompanhar o que dizia.

— Teve a audácia de lembrá-lo que Dom Manuel está para se casar com a irmã dele, Eleonora. Apontou-lhe o quanto é desagradável que um monarca tome a seu serviço o súdito de um rei amigo contra o expresso desejo deste, ainda mais quando os dois estão para se tornar parentes próximos. Implorou-lhe que considerasse se não seria inoportuno, dado o matrimônio em vista, ofender a Majestade de Portugal por uma questão tão insignificante e incerta... *Insignificante e incerta!* Além disso, continuou, por que valer-se de indivíduos que nutrem um evidente rancor para com Sua Alteza, o rei de Portugal?... Mas antes fosse só isso! Concluiu a difamação inventando a mentira mais grosseira que se possa imaginar: pense que ele teve o descaramento de dar a entender ao rei que é nosso desejo, meu e de Faleiro, repatriar-nos, e que portanto não vê razão por que isso não nos seja concedido. Mas de uma coisa pode estar certo, caro Elcano: escreverei ao soberano hoje mesmo, para denunciar o que ocorreu no convés da *Trinidad*. Tenho certeza de que as pessoas envolvidas, com exceção do cônsul, compreende-se — as regras da diplomacia não o permitem —, receberão uma dose salutar de açoites... Costa é ainda mais canalha do que Álvares, para ter uma ideia. Foi interceptada uma carta dele endereçada a Dom Manuel, contendo uma falsidade atrás da outra. Foi o cardeal Fonseca quem me mostrou. Alegava que seria o rei da Espanha quem estaria nos detendo, imagine! Talvez Costa não perceba o risco a que expõe toda a gente, incluindo ele próprio. Poderia desencadear-se uma guerra aberta, que iria se somar àquela latente que já nos contrapõe pelos mares de meio mundo.

— Uma questão complicada — disse eu, balançando a cabeça já entulhada com aquele jeito de falar pomposo que ele tinha.

— Como acha que o rei Carlos reagiu à leitura dessa carta? — continuou Magalhães. — Ficou furioso, é óbvio. É um rapaz jovem e inexperiente, mas não se pode querer enganá-lo e esperar sair impune. Enxotou o embaixador do pior modo possível, garantindo que encaminharia um protesto formal ao seu soberano. Tudo isso, devo admitir, só favorece a nossa causa. Agora o rei Carlos suspeita de qualquer palavra que venha de emissários de Dom Manuel e desconfia até do próprio primo (o rei de Portugal é primo dele, não se esqueça, ainda que mal se suportem). Sem contar as calúnias que Costa há meses só faz espalhar pela corte e pelos escritórios reais com o propósito de desacreditar-me. E parece que está tendo sucesso nisso. Não passa um dia sem que me veja forçado a dar explicações a algum enviado do rei em relação às mentiras mais inverossímeis, com referência a ações inomináveis que teria cometido durante o serviço prestado à Coroa de Portugal na Índia, em Malaca, sobretudo, e por último em Azamor, durante a campanha contra os piratas mouros. Tudo mentira, obviamente. Mas, como deve saber: não existe castigo sem injustiça... Dizem até que Dom Manuel, instigado por aquele janota do Vasco da Gama, tenha contratado assassinos para se livrar de mim. Mas voltemos a nós. Quer saber como foram as coisas em Malaca? É uma história instrutiva. Podem-se tirar muitas lições...

— Mas é claro — respondi, lisonjeado com tanta confiança.

— Acomode-se. E tomemos mais um gole.

Não precisou insistir.

— Então escute. — O almirante agitou a mão para afugentar uma mosca, depois se calou, olhando fixo para a frente. — Perdoe-me — disse, evitando meus olhos. — Creio que teremos que deixar para outra ocasião. Lembrei-me de um assunto que não posso adiar. Queira me perdoar. — Levantou-se num salto, fez-me uma leve reverência com a cabeça. — Se não tiver nenhuma objeção, podemos continuar no jantar. Será meu convidado. Mas não esta noite: não sei quanto tempo vou demorar. Vamos marcar para amanhã, às sete. Bem ao lado do Brigantino há uma taverna onde se come um peixe ótimo e servem vinho de qualidade. Não lembro o nome, mas não tem como errar: é bem ao lado. Gosta de peixe?

— Naturalmente.

— Eu bem imaginei – disse ele, enfiando dois dedos na narina direita para arrancar um pelinho.

Sorri, perplexo, depois me levantei e fiz uma dupla reverência.

— Eu o convidaria à minha casa, mas minha esposa deu à luz há pouco tempo um rapazinho de sete libras, Rodrigo, e ainda não se recuperou do esforço do parto.

— Compreendo.

— Levarei comigo um par de amigos. Um o senhor já conheceu, é meu conterrâneo, *señor* Rui Faleiro. Um homem de caráter espinhoso, como deve ter notado; mas que pode ser uma seda se souber como levá-lo. Um poço de conhecimento, para questões geográficas e astronômicas, especialmente as náuticas. O homem que qualquer comandante gostaria de ter ao lado numa travessia longa e cheia de incógnitas.

— Sim – disse eu, com um sorriso forçado, sentindo um gelo na espinha com a ideia de ter de partilhar a refeição, e mais ainda a viagem, com um sujeito grosseiro daqueles.

— Até amanhã. O senhor já sabe o caminho da saída – disse ele, deixando-me ali como um prego enferrujado fincado numa tábua.

Decipit frons prima multos. A primeira impressão muitas vezes engana.

Mas a segunda não fica atrás.

Foi o que pensei.

SABEDORIA É CONHECER A CADA MOMENTO o que se deve fazer. Nunca fui bom nessa arte. Nunca soube escolher o modo e o momento certos.

No dia seguinte, na hora combinada, compareci à Taverna da Colubrina, mesmo sem saber em que estava me metendo. Encontrá-la não foi difícil. Não se situava "ao lado", mas atrás do Brigantino. Uma questão de ponto de vista, afinal de contas. De qualquer forma, não havia outras tavernas nas proximidades.

Assim que entrei, avistei o pançudo do *señor* Faleiro sentado a uma mesa de canto, mas não vi sinal do comandante. À esquerda dele, havia um homem alto e magro, com um ar gentil, talvez levemente obtuso, e uma vistosa verruga na ponta do nariz. Fui até a mesa e me apresentei. Faleiro convidou-me, com um grunhido, a me acomodar ao seu lado.

— Infelizmente o almirante Magalhães — começou ele — não poderá estar conosco esta noite. Precisava encontrar um sujeito que nos será útil quando zarparmos. Pediu-me para lhe transmitir suas desculpas. É realmente uma pena. Poderia nos explicar o que o levou a contratá-lo como timoneiro. Eu não entendi. Tenho o costume de falar claramente.

– Lamento ainda mais que o senhor.

– Ah – concluiu Faleiro. O tom era bem pouco conciliatório.
– Este é *messere* Antonio Pigafetta, italiano. Um mistério ainda maior, para mim.

– De Vicenza, no território da República Sereníssima – especificou o outro, com um sorriso aberto que inspirava confiança imediata.

– Ouvi falar do senhor. Estou enganado ou será o nosso... *historiágrafo*? É assim que se diz? – perguntei, retribuindo o sorriso e conseguindo finalmente tirar os olhos da verruga.

– Modestamente. Por certo não sou um escritor da nobreza, mas li todos os relatos de viagem que pude encontrar. Gostaria de conseguir imitar a habilidade de meu compatriota, *messere* Ludovico de Varthema, e os prodígios de seu *Itinerário*. Deve ter ouvido falar.

– Claro – menti. Jamais fora do tipo leitor, apesar de ter tido um bom preceptor. Só mais tarde o destino, tirando-me o uso das pernas, viria a reconciliar-me com os livros.

– Nosso amigo aqui – interveio Faleiro – foi recrutado na última hora, quando já estávamos com a tripulação completa, e só por insistência do rei.

– Conhece o rei?

– Oh, pude falar com ele uma única vez, numa recepção na corte, e somente para lhe dirigir uma súplica: que eu pudesse fazer parte desta expedição, da qual tanto se fala. Veja, a ideia de visitar novas terras e conhecer seus povos me enche, como dizer, de... *Excitation... De frissons*. Não tenho méritos especiais, mas tentarei ser útil. Estou disponível para as tarefas mais humildes. E no restante do tempo cuidarei do relato da viagem, de modo que a empresa, de que gênero for, permaneça na memória.

– Pois é – interveio Faleiro, que nos ouvia com um semblante fechado. – O que seria de Aquiles sem Homero!

– O que faz na Espanha? – perguntei, dirigindo-me a Pigafetta.
– Se me permite perguntar.

– Vim para Barcelona no séquito do protonotário apostólico, monsenhor Chiericati, mas meu propósito é viajar o máximo possível, aprender os costumes dos povos, as línguas, as superstições, tudo... É a isso que aspiro.

– Era só o que estava nos faltando – disse Faleiro, sarcástico. – Esperemos que sua presença sirva pelo menos para amenizar a atmosfera a bordo.

– Acompanho-o em seu auspício – disse eu, não sem uma ponta de ironia.

– Vamos fazer vir alguma coisa para esta mesa – disse ele. – Taverneiro, uma jarra de vinho português, se tiver. E que seja do bom – acrescentou por cima do ombro, elevando a voz exageradamente.

Felizmente, naquele momento éramos os únicos fregueses na taverna.

De trás do balcão, o taverneiro fez sinal de ter ouvido, batendo na orelha com os dedos.

– Nenhum português – disse, aproximando-se da mesa. – Só vinho castelhano.

– Vamos tentar gostar dele – respondeu Faleiro, com um sorriso azedo. Pouco depois acrescentou: – Uma coisa quero deixar clara: é de mim que depende o sucesso da expedição. Somente eu sou capaz de traçar a rota para as Molucas. Sem mim, Magalhães é uma alma perdida.

E, terminando de dizer isso, levantou-se e foi em direção às latrinas. Enquanto estava ausente, o taverneiro chegou com o vinho; enchemos nossos copos. Não era ruim; no entanto, por pouco Pigafetta não o cospe fora.

– Perdoe-me, estou habituado a vinhos mais delicados.

Dei risada, enchendo outra vez o copo.

Quando Faleiro retornou, pedimos a comida. Então ele balançou a cabeça e começou a nos contar os aborrecimentos daquela manhã.

Logo cedo, contou, o cônsul Álvares aparecera na casa de Magalhães, encontrando-o empenhado em embalar roupas e armas em caixas de viagem. Pegara-o pelo braço, procurando uma vez mais dissuadi-lo.

— Caro Magalhães — começara —, devo recordar-lhe o quanto desagrada ao seu rei o que está para empreender.

— Deveria ter pensado nisso antes — respondeu Magalhães secamente, desvencilhando-se. — Note que, durante a última audiência, o rei me tratou com tanta soberba que ainda agora me queima o coração: para ele eu podia ir para o inferno e me colocar ao serviço do diabo, se quisesse. Depois, sem me permitir réplica, dispensou-me. Por um instante temi que mandasse me açoitarem. Como vê, não fiz nada além de obedecer ao desejo do seu rei.

— Que é também o seu — corrigiu o outro.

— Pode ser. Mas agora já adotei a cidadania espanhola.

— Continua sendo português, com base no direito. Não se esqueça disso. Falo também para defender o seu interesse; afinal, já serviu com valentia o nosso soberano...

— Pois se na Índia eu fui rebaixado! E aposentado sem demora, depois dos acontecimentos em Azamor. Certamente está ciente disso.

— Tenho uma pilha de relatórios a seu respeito — disse Álvares, aproximando as mãos uma da outra para mostrar a espessura a que aludia.

— Então não me venha com balelas, por favor...

— Não se trata de balelas. Veja, a viagem que o espera esconde muitas insídias, que podem trazer mais dor que a roda de Santa Catarina, se é que me entende. Em vez disso, se voltasse para sua pátria, Dom Manuel saberia como recompensá-lo. Aqui não é ninguém, todos desconfiam do senhor, consideram-no um homem de ínfimo nível e de pouca instrução.

— De novo isso! — respondeu Magalhães.

— Acredita mesmo que nobres castelhanos lhe obedecerão, uma vez que zarpem, na infeliz, mas provável eventualidade de que surjam dificuldades? Aqui todos o consideram um traidor, sabe muito bem. E quem traiu uma vez...

– Vá embora daqui! – intimou-o Magalhães, desembainhando a espada, que até o instante anterior estava pendurada na parede, e encostando-a ao pescoço de Álvares.

– Vou lhe dizer uma última coisa, que é oportuno que saiba: sente-se seguro por conta do contrato e das cartas com que lhe foi confiado o comando supremo; mas saiba que há outras cláusulas, ou, por assim dizer, "instruções secretas", para os funcionários reais que viajarão a bordo na qualidade de fiscais. Falo do inspetor-geral, do contador, do tesoureiro... Instruções secretas das quais só tomará consciência no meio da viagem, quando já será tarde demais para salvar sua honra, e talvez até sua vida.

Aquelas palavras devem ter surtido o efeito de um balde de água fria, porque tocavam bem na ferida. E, no entanto, embora conseguindo conservar uma dose suficiente de autocontrole, Magalhães empurrou mais a lâmina, e uma gota de sangue saiu do pescoço do cônsul. Este deu um salto para trás, aterrorizado.

– O senhor é louco. Pagará por sua obstinação.

– Fora!

– Tudo bem, vou-me embora; mas eu o avisei. Que Deus lhe dê a sorte de uma viagem comparável à dos irmãos Corte-Real!

Pronunciando essas palavras, saiu batendo a porta.

Os irmãos Corte-Real!, pensei. Como pudera pensar em dizer isso?! Nos círculos de marinheiros, aquele se tornara um modo de desejar todo o mal. Mencionar os irmãos Corte-Real era como usar uma expressão diferente para dizer "desgraça". Desaparecidos dois anos antes, talvez engolidos pelo oceano, ninguém soubera mais nada do veleiro em que viajavam, com destino às Molucas. Alguns alegavam ter visto suas cabeças mumificadas penduradas numa viga da cabana de um chefe tribal do Bornéu...

Em todo caso, fossem verdadeiras ou falsas, aquelas palavras serviram para atiçar a chama que já ardia no peito de um Magalhães cada vez mais corroído pela suspeita de que em sua mesa se jogassem com cartas marcadas, e que o rei não fosse leal, apesar das provas em contrário. É verdade que existia um contrato assinado de próprio punho por ele. Mas, como se sabe, o rei é sempre o rei, e ninguém o pode impedir de atender a um capricho e engolir a palavra dada como se fosse uma omelete de ovos de codorna. Todavia, no contrato o soberano confiava, sem ambiguidades, o comando supremo a Magalhães e especificava que a presença a bordo de um *veedor* e de um contador, responsáveis respectivamente pela coordenação da flotilha e pelas verificações contábeis, não devia de modo algum limitar a liberdade de ação dos capitães e a autoridade suprema do almirante. Sem contar que o rei não perdia nenhuma oportunidade de proclamar-se o maior defensor da missão.

A natureza desconfiada de Magalhães, porém, prevaleceu sobre esses formidáveis argumentos, e assim decidiu-se ele a redigir um testamento naquela mesma noite. Por tal razão, como soube mais tarde, não tinha comparecido ao jantar; além disso, não estava com o humor apropriado.

É minha obrigação, neste ponto, aprofundar a questão das disposições testamentárias, tratando-se de um documento bizarro e capaz, mais que qualquer outro, de demonstrar exemplarmente a índole do nosso comandante. Nele, de fato e surpreendentemente, Magalhães parece ter querido até o fim prover a todos menos os parentes mais próximos. Para começar, alongou-se nas disposições de que seus restos mortais fossem sepultados em Sevilha, no mosteiro de Santa Maria de la Victoria, se morresse em sua pátria; caso contrário, na igreja mariana mais próxima, porém não antes de se celebrarem treze missas pela salvação de sua alma. Desde que esses restos fossem encontrados.

Estabelecido isso, finalmente resolvia ocupar-se dos legados: um décimo das propriedades iria para o monastério supracitado e outros menores; um real de prata[11] para a Santa Cruzada e alguns

---

[11] Real de prata: antiga moeda utilizada na Espanha por muitos séculos. [N.T.]

abrigos dos pobres; comida e vestuário para quinze mendigos da cidade para que rezassem por ele; a restituição da liberdade ao escravo Henrique, além de uma herança de dez mil *maravedis* para suas necessidades. E então, por fim, seu pensamento voltava-se aos familiares, aos quais primeiramente pedia ainda um esforço, qual seja: o compromisso solene de conservar com honra seu brasão e manter elevado seu nobre nome, dispondo minuciosamente até quanto a suas armas e couraças. Em seguida, estabelecia-se que à esposa e ao filho coubesse o patrimônio restante, que seria imenso se a empresa para a qual se preparava fosse coroada de sucesso, porém exíguo em caso contrário. "Em nome do nosso Senhor Deus Onipotente, que reina desde o início dos tempos e para sempre, da gloriosa Nossa Senhora, a Virgem Maria." Assinado: Fernão de Magalhães.

Absorto como estava em meus pensamentos, tinha perdido não sei quanto do que se falava naquela mesa, quando senti que me sacudiam pelo braço.

Era Pigafetta, que com cortesia trazia-me de volta.

– Então, quer saber como foi em Malaca? – perguntou, alegre. – O capitão Magalhães considera que o senhor deva conhecer toda a história; não para de repetir isso. E como ele a contou a mim com todos os pormenores, creio ser capaz de transmiti-la com certa precisão.

Como se tivessem me jogado em pleno sono dentro de uma tina de água gelada, olhei em volta, desnorteado. Só então me dei conta de que Faleiro tinha desaparecido.

– Aonde ele foi?

– Como assim? Despediu-se de nós há um quarto de hora e o senhor até lhe estalou o beijo de boa-noite! Precisou ir embora. Ele é assim mesmo. Parece que é fraco do intestino e da bexiga!

Sorri.

– Devo ter afundado demais nos meus pensamentos – disse então. – Às vezes me acontece.

– Será que não tem o mal-caduco? – perguntou ele. – Seria preocupante.

– O que sei é que nunca dura muito tempo.

– Rezarei para que não tenha uma crise na presença de algum selvagem com anéis no nariz e intenções belicosas.

– Deus me livre. – Servi-me um gole de vinho. – E não é só isso. Às vezes vejo pessoas mortas há muito tempo.

– Sério?

– Mas é claro. Inclusive agora há pouco. – Não era verdade, mas disse isso.

– E quem foi que viu?

– Minha mãe.

– E onde estava?

– Bem ali – disse, apontando o fundo do recinto. – Sentada naquela mesa.

– E não foi cumprimentá-la?

– Por que deveria? Além do mais, os mortos me dão medo. Tentava ser espirituoso, mas minha voz devia estar tremendo.

– Que coisa estranha – disse ele. – Diverte-se muito me enganando?

– Por quê? Percebe-se? – Bebi. – Mas não saia contando por aí.

– O quê?

– Que vejo fantasmas.

– Ficarei mudo como uma coruja.

– Como um peixe, quer dizer.

– Mas é claro.

– Agora me diga – disse, com um sorriso falso, julgando-o uma perfeita coruja, como ele próprio sugerira involuntariamente –, não tinha a intenção de me falar das aventuras em Malaca? Sou todo ouvidos.

– Pois bem – fez ele, esfregando as mãos e começando.

— DEVE SABER QUE O COMANDANTE MAGALHÃES, na época simples marinheiro, viajava num galeão sob o comando do capitão Diogo Lopes de Sequeira. Depois de dobrar o Cabo da Boa Esperança e fazer escala em Mombaça, em abril de 1509 alcançaram a Índia, atracando em Calicute e depois em Cochim. De lá, as rotas ficavam incertas. Após uma viagem de três semanas, eis que chegam a Malaca, o porto mais movimentado da região, pela sua posição favorável. Ali transita todo o comércio do Oriente, sendo as naus mercantis obrigadas a passar pelas águas daquele estreito. O porto lhe pareceu exatamente como Ludovico de Varthema o descrevera: "Fundeiam aqui mais naus que em qualquer outro canto do mundo". Mercadorias e riquezas de toda sorte eram objeto de negociações, desde os cravos-da-índia das Molucas até os rubis do Ceilão. Malaca não passava de uma extensão de mirrados casebres de madeira, mas no centro, em posição elevada, o palácio do sultão e a mesquita dominavam a baía. Por suas estreitas e sombreadas ruas movimentavam-se homens e mulheres de toda fé.

"O sultão conhecia a má fama dos conquistadores portugueses e europeus em geral. Em seus ouvidos ressoavam ainda os relatos dos massacres de Francisco de Almeida e Jorge de Albuquerque.

Queria, portanto, negar acesso à frota de Sequeira, mas temia seus canhões, que o fitavam ameaçadores das toldas dos navios, apontando para o palácio. Decidiu então jogar com a astúcia, para vencer os estrangeiros com uma armadilha. Acolheu-os como irmãos e aceitou seus presentes fajutos, prometendo encher os porões dos navios até o topo de pimenta e outras especiarias. 'Os irmãos portugueses poderão vir a Malaca para praticar seu comércio à vontade também no futuro', assegurou, convidando para um banquete os capitães das quatro galés e da caravela que as acompanhava. Desconfiados em razão da experiência, estes recusaram, esperando verificar se a promessa do sultão de deixar prontas as mercadorias prometidas já no dia seguinte se mostraria digna de fé. O comandante da frota notou a evidente pressa do sultão em se livrar deles, mas não reconheceu qualquer perigo nisso. Parte da tripulação foi liberada para desembarcar e aproveitar, depois de meses de navegação, aqueles poucos momentos de liberdade, entre os prazeres que a cidade oferecia. Casas de chá, feiras, bordéis: enfim, o de sempre.

"Na manhã seguinte, logo cedo, os botes das quatro galés foram enviados à terra, de modo a completar o carregamento antes do pôr do sol. Sequeira ficou a bordo jogando xadrez com seu imediato. O dia estava abafado e era uma luta espantar os insetos. Então o capitão da caravela, que também permanecera a bordo, notou, a pouca distância, um vaivém de canoas que deixavam a praia e se aproximavam do costado dos galeões, rodeando-os. E começou a olhar com desconfiança os indígenas seminus que subiam pelas amarras para dentro dos navios, com um ar inofensivo, aparentemente ávidos por fazer escambos. Decidiu então pôr em guarda o almirante. Ordenou que descessem ao mar um bote – o único disponível – e deu ao seu homem de maior confiança, que outro não era senão Magalhães, a tarefa de levar a mensagem a Sequeira.

"Quando Magalhães chegou até o almirante, este estava concentrado em dar um xeque no imediato. Magalhães imediatamente notou, às suas costas, dois malaios que, fingindo espiar aqui e ali, estavam com as mãos prontas nos cris enfiados na cintura. Murmurou algumas palavras ao comandante, que mandou um marinheiro subir no cesto da gávea para verificar o que estava acontecendo. Depois saltou de pé bem a tempo de evitar a punhalada e, desembainhando a adaga, trespassou os dois malaios. Mandou então soar o toque de reunir para convocar a tripulação a bordo. Naquele momento, uma coluna de fumaça subiu do palácio do sultão: o sinal combinado para o ataque. Foi o inferno. Os malaios a bordo dos galeões foram imediatamente atirados ao mar. O comandante mandou levantar âncoras e abrir as velas de gávea. Em seguida, os canhões abriram fogo contra as embarcações que se amontoavam ao redor dos galeões. Logo a batalha no mar estava vencida e a de terra, perdida. Os marinheiros que tinham ido para a praia foram perseguidos um a um, capturados e trucidados antes que alcançassem as embarcações. Somente um conseguiu jogar-se na água e, mesmo ferido, começou a nadar o mais rápido que podia. Vendo aquilo, Magalhães, de volta ao bote, começou a remar na sua direção. Chegou até ele, ajudou-o a subir e o salvou. Aquele homem era Francisco Serrão, e entre os dois nasceu uma amizade que ainda perdura, apesar da distância. É isso. O que me diz?"

— Interessante. Mas não acha que pode haver algum exagero?

— Pelo contrário: diria que há até muita modéstia. Nosso comandante não é um homem soberbo, e muito menos propenso a exaltar os próprios méritos. Graças àquela ação, obteve o posto de capitão, que depois perdeu em consequência das monções e de outras circunstâncias que levaram o galeão comandado por ele a se esfacelar contra um banco de areia na costa de Goa. Porém, dois anos depois, tendo-se tornado oficial outra vez, ei-lo participando da conquista de Malaca com a frota de guerra capitaneada por Jorge de Albuquerque, conquista que assegurou aos portugueses o controle dos mares do Oriente. Contudo, como o senhor sabe,

Malaca é apenas a porta de entrada para as Ilhas das Especiarias. E assim chegamos ao presente e à empresa que nos espera.

– Então o senhor supõe que nosso destino sejam as Molucas?

– Acredito que sim. Todos os indícios levam a crer. Mas eu não lhe disse nada.

Assenti.

– E, além disso, ainda não foi estabelecida a data da partida – observou Pigafetta. – É tudo muito vago. Para piorar, hoje de manhã assisti a uma altercação entre Magalhães e um de seus capitães, o tal Mendoza, que teve a audácia de ofendê-lo na frente da tripulação depois de se recusar a acolher a bordo o contramestre escolhido pelo almirante. É um ser sorrateiro. Pode-se reconhecê-lo pela venda preta no olho direito, que parece ter perdido num duelo. Aquele homem detesta o almirante, isso é claro, mas não achava que a tal ponto. Imagine que por pouco não desembainhou a faca!

– E como terminou a coisa? – perguntei.

– Mendoza escorregou numa poça d'água e rolou no chão como um saco molhado. Caímos todos na risada. Deixo-o imaginar como ficou. Levantou-se num salto, deu uma batida de mãos nas roupas e foi embora fervendo igual a um caldeirão. Pode apostar que agora só está esperando a ocasião para uma vingança. Aí o confronto será inevitável.

– Não creio – respondi. – Uma vez no mar, a autoridade do almirante não se discute; seria alta traição.

– Mas pode acontecer-lhe alguma coisa. Por exemplo, acabar no mar sem que ninguém perceba, no meio da noite. E veneno também é uma possibilidade.

– Tudo é possível. O senhor sabe o que azedou as relações entre ele e o rei de Portugal?

Pigafetta hesitou antes de responder.

– Durante um confronto com os piratas mouros, no Marrocos, ele perdeu o movimento da perna. Foi-lhe então atribuído o trabalho mais tranquilo de "quadrilheiro das presas", ou seja, de supervisor do espólio de cavalos e gado tomado dos inimigos. Um trabalho que ele desprezava. Infelizmente, um dia desaparecem doze ovelhas e ele é acusado de furto. Ou de tê-las vendido de volta aos infiéis. Uma acusação grave, ainda que por um fato insignificante. Acaba na presença do rei. E lá, em vez de tentar se desculpar, eis que ele reivindica uma promoção, enumerando os serviços prestados a Sua Majestade. O rei não pôde perdoar tamanha insolência; e, apesar de absolvê-lo em razão de seu histórico de serviço, a partir daquele momento passou a olhá-lo sempre com antipatia. Pelo menos é o que se diz. E, de resto, parece que a gratidão não esteja entre as virtudes do "Afortunado".

— Na sua opinião, ele era culpado?

— Pelo que fiquei sabendo a respeito daquele homem, não me surpreenderia se a acusação fosse verdadeira. Ainda assim, é provável que a considerasse coisa de nenhuma importância em comparação com os méritos de que podia gabar-se, com todo direito, em tantos anos de serviço.

— Também estou convencido disso. Mas podemos nos tratar por "tu". O que achas?

— Por que não? Posso fazer uma pergunta de caráter pessoal?

— Diz lá.

— Por que te chamam de *Perro*?

— Chamam? É a primeira vez que escuto isso – sorri.

— Não me digas – fez ele. – Se soubesses quantos epítetos já me botaram ao longo dos anos.

— Imagino.

— Achas-me tão ridículo assim?

— Quem não o é? E agora vamos para o berço, senão de manhã não acordaremos nem a tiros de canhão.

— Parece-me uma boa ideia. Taverneiro!

O taverneiro parou de esfregar o pano e olhou para nós.

— Não se preocupem. Mandaram-me colocar na conta do comandante.

— Se é assim, à saúde do comandante! – eu disse, secando o copo.

Levantamo-nos e nos despedimos com um tapinha nas costas. Depois seguimos pela noite, cada um por seu caminho.

Após alguns passos, enquanto me enfiava num beco pouco iluminado, esbarrei numa mulher cambaleante.

— Ei, bonitão, quer passar umas horinhas comigo? – disse com uma voz de velha, segurando-me pelo braço.

— Esta noite não – respondi, sem me dignar a olhá-la no rosto. Como não me soltava, levantei a outra mão para bater nela. Mas parei na mesma hora.

— Mãe! – disse. – A senhora de novo!

— Cobro baratinho – disse ela, achando que eu estivesse brincando. – Vais te divertir.

Recuei, assombrado. Minha expressão deve tê-la assustado.

— Estás passando mal? Não saio com bêbados.

Meu Deus, pareciam-se como se parecem duas gotas d'água. Revi seu sorriso desdentado, e aquele ar de Nossa Senhora em oração. Empurrei-a e afastei-me depressa, tropeçando, perseguido por sua risada obscena.

Não tinha mais tanta certeza de estar totalmente são da cabeça. Meia hora depois, enquanto me enfiava embaixo das cobertas, senti uma mão gelada apertar-me o coração. Por pouco não saltei da cama. Mas logo caí no sono, de tanto que estava exausto.

Uma coisa é certa: não via a hora de lançar-me ao mar e deixar tudo para trás. O oceano pode fazer prodígios. E não via a hora de encontrar-me em meio a ele.

SE FÔSSEMOS ACREDITAR NOS SENTIDOS em vez de na razão, o Sol não seria maior que uma maçã. E, no entanto, os terríveis pensamentos nos quais Magalhães mergulhara pareceram dissolver-se no momento em que chegou o despacho autorizando-nos a levantar âncoras: aos olhos dele, aquela era a prova definitiva da boa-fé do rei. Quando ficou tudo pronto, ao final da missa solene e do juramento de fidelidade ao soberano na igreja de Santa Maria de la Victoria, Magalhães, ajoelhado nos degraus do altar-mor, recebeu, na presença da tripulação e rodeado por uma multidão que se espremia dentro e fora dos muros, o estandarte real das mãos do *corregidor*, Dom Sancho Martínez de Leiva.

Zarpamos em 10 de agosto, dia de São Lourenço, do ano do Senhor de 1519, soltando as amarras do molhe de Sevilha logo cedo, disparando muita artilharia e abrindo a vela de traquete ao vento para descer pelo Rio Guadalquivir até o porto de Sanlúcar de Barrameda. Magalhães, encostado no pavês de estibordo da *Trinidad*, fitava a costa diante de si e ao mesmo tempo parecia olhar além, mil léguas à frente no espaço e no tempo. Algumas horas mais tarde, deixou o comando do navio ao primeiro piloto e dirigiu-se para debaixo do tombadilho para almoçar. Aceitava ser servido apenas por Henrique, que provava a comida e ficava plantado do lado de fora, muitas vezes agachado como um cão de guarda em cima de uma esteira colocada na soleira da porta.

Terminado aquele primeiro almoço, à base de pão embebido em azeite de oliva, Magalhães convocou o servo:

— Em meu testamento, determinei que quando eu morrer te seja restituída a liberdade.

Henrique quase não acreditou nos próprios ouvidos. Agarrou-lhe as mãos e beijou-as várias vezes, sem dizer uma palavra, mas com os olhos marejados.

— Receberás também um legado suficiente para suprir tuas necessidades por alguns anos, se souberes administrá-lo com juízo.

— O mestre é muito bom. Mas ainda viverá muito tempo, não tema.

O almirante sorriu.

— Agora me sirva um copo de xerez. Depois suba ao convés para conferir se Gomes está fazendo o dever dele.

Henrique era sua sombra, um prolongamento de sua vontade. No entanto, observando-o mais atentamente, via-se que nutria algum propósito. Era tão econômico nas palavras que às vezes vinha a suspeita de que entendesse pouco das nossas conversas. Mas minha impressão era que fosse um modo de ficar à parte, pronto para atacar.

Creio que na primeira noite o comandante não tenha pregado os olhos, agitado como estava. Ouvi sua cama ranger o tempo todo — meu camarote ficava ao lado do dele.

A partir do dia seguinte, passou a maior parte do tempo andando de um lado para o outro no tombadilho, com seu passo arrastado, controlando pessoas e coisas com olhos de águia.

No dia 14 de setembro, chegamos a Sanlúcar com velas e bandeiras ao vento, empurrados por uma brisa favorável do poente e acompanhados pelas salvas de canhões e pelos gritos da multidão que enchia os diques nos vilarejos ao longo do rio, até desembocar no mar, bem em frente ao promontório escarpado do Cabo de São Vicente, a dez léguas de distância no máximo.

O Guadalquivir é um rio traiçoeiro para aqueles que não sabem como percorrê-lo. Descendo de Sevilha, passa-se diante das torres pontiagudas de Alfarache, que foi uma grande cidade dos mouros. Da ponte de outrora restam duas colunas no fundo da água e, quando os navios ali transitam, é preciso homens que tenham familiaridade com o local, para não bater as quilhas nelas. Além disso, deve-se ter a perspicácia de aguardar a cheia do rio para enfrentar tais colunas, assim como muitos outros pontos do mesmo leito, que não é muito fundo, ou pelo menos não o suficiente para naus de grande tonelagem sobrecarregadas. Prossegue-se então por Coria e por outros vilarejos ensolarados, até o castelo do duque de Medina-Sidonia, em Sanlúcar, que é a verdadeira porta para o oceano.

Ali permanecemos alguns dias, com o almirante e os capitães indo de um lado para o outro com os barcos dos navios para levar a bordo as últimas coisas, pequenas reposições e ajustes na carga e nos equipamentos.

Todas as manhãs desembarcávamos para assistir à missa na igreja de Nossa Senhora de Barrameda, e, antes de partir, o capitão-general quis que todos nos confessássemos e comungássemos. Além disso, não foi permitido que nenhuma mulher subisse a bordo das naus – como se sabe, a gente de mar é supersticiosa.

Magalhães se despedira do filhinho e da esposa Beatriz em Sevilha. Tinham-se separado do modo mais sóbrio que se possa imaginar. A esposa, mal-apanhada e malvestida, acenara para ele com o lenço até o último instante sem derramar uma lágrima, mas fizera o lábio sangrar de tanto apertá-lo com os dentes.

Quando, um instante antes de partirmos, na manhã de 20 de setembro, aproximei-me de Magalhães para lhe perguntar de Faleiro, que não parecia estar em lugar nenhum, ele respondeu:

– Não embarcou; desistiu. Consultou as cartas, que previram morte certa para ele e para o irmão Francisco, caso partisse.

Não pude acreditar. Seria uma explicação inverossímil, se não se tratasse de Faleiro. Mas, com semelhante indivíduo, tudo era possível.

– E bastou isso para fazê-lo renunciar a um empreendimento pelo qual já correu tantos riscos? – Dava para ver que eu estava perplexo.

– Não o conhece: aquele lá é capaz de armar uma frota por conta própria, talvez em um mês, e vir para cima de nós.

Cuspiu por cima do pavês, depois subiu mancando para o tombadilho. Dali podia controlar cada manobra da tripulação e dos navios, movendo-se de um lado para o outro como um demônio.

Aquelas palavras não tinham sentido. Devia ter ocorrido um rompimento entre os dois; só assim podia-se explicar um comportamento tão irritado. Mas com certeza, se eu tivesse perguntado, Magalhães fecharia a cara, e ainda por cima sem me dar satisfação. Por isso, guardei para mim qualquer consideração e desci para a coberta para apanhar uma pitada de rapé. Só mais tarde soube o que se passara. Havia eclodido uma guerra entre os dois. O cosmógrafo dirigira uma petição ao rei: "Sou eu que, entre os documentos da Tesouraria, descobri a passagem; eu que conheço a posição das terras, observo os astros, meço a altura deles, interrogo o céu. Sou eu o inventor do novo método infalível para calcular a longitude. Magalhães é um bom marinheiro, nada mais. É às minhas ordens que deve se submeter".

Ao saber disso, Magalhães escrevera por sua vez ao rei: "Ou ele, ou eu". E o soberano não hesitara em lhe confirmar sua confiança e o comando absoluto. Para não fazer má figura, Faleiro alegara problemas de saúde e a posição desfavorável dos planetas. No entanto, os dois tinham-se separado com palavras duras, jurando-se eterna discórdia. O que causa mais perplexidade nessa história é que, alguns meses mais tarde, o rei prometeu a Faleiro os fundos para armar uma nova frota. Porém, depois, faltou com a palavra dada. E só tenho isto a acrescentar: passado algum tempo, Faleiro voltou arruinado para sua pátria, acabou preso e terminou seus dias nas pátrias galés com uma condenação por alta traição.

Voltando a nós, logo pegamos o rumo do libecho, o bom vento de sudoeste, e após seis dias de navegação tranquila, divisando ao longe os cumes verdes e azuis de Madeira, arquipélago-fortaleza de Portugal, avistamos a 28 graus de latitude o esporão pontudo de Tenerife, no grupo da Grã Canária, em águas ainda espanholas. Ali fizemos parada para uma nova carga de carne fresca, água doce e madeira. Pudemos nos suprir à vontade desta última graças a uma obrigação de pagamento emitida em nosso favor pela *Casa de Contratación*.

Nos primeiros dias, Pigafetta ficou entocado em seu camarote, vítima de enjoo. O comandante chegou a ponderar desembarcá-lo no primeiro porto, porém mudou de ideia quando, aproximando-se da terra firme, viu-o reaparecer de sorriso aberto no convés, praticamente renascido graças à intervenção de algum santo ao qual devia ter rezado por muito tempo. Henrique preparou-lhe uma merenda, que foi consumida num piscar de olhos. Recuperado, Pigafetta reabriu o caderno de pergaminho e começou a pintar com guache o contorno dos vulcões que se recortavam no horizonte.

Permanecemos três dias e meio na Grã Canária; em seguida nos deslocamos para um porto chamado Monte Rojo para nos abastecermos de piche. Durante a parada, eu e Pigafetta, tendo ganhado uma tarde livre, aproveitamos para andar à toa pela ilha chamada Ferro, na qual, é sabido, não se encontra uma gota de água boa, nem procurando com uma forquilha. Perto do vilarejo, notamos uma árvore com uma copa incrivelmente vasta e exuberante, semelhante à cabeça de um cogumelo, e toda coberta de folhinhas muito verdes.

Duas mulheres idosas desciam baldes numa fossa aos pés dela e puxavam-nos de volta cheios d'água.

Intrigados, paramos para observar.

– O que estão olhando? – fez uma das duas, toda vestida de preto, talvez em estado de viuvez.

– Que tipo de árvore é esta? – perguntou Pigafetta, com o nariz verruguento. – Nunca vi nada parecido.

– É uma dracena de La Orotava – respondeu a outra mulher, mais gentil. – Esta é uma terra árida. Raramente chove e não há cursos d'água no raio de várias léguas. Durante as poucas chuvas, a árvore recolhe toda a água que pode e a escorre das folhas, deixando-a cair na fossa que cavamos para armazená-la.

Bem nesse momento alguns cães se aproximaram da cavidade circular e começaram a beber água. Um deles levantou a pata e urinou dentro dela.

– Até os animais selvagens vêm beber aqui – disse a velha, como se não fosse nada.

– Imagino. E vai ver as lontras também vêm nadar na fossa! – disse eu, com uma careta de nojo.

– É possível acostumar-se com qualquer coisa – respondeu a velha. – Ninguém jamais morreu disso.

– Talvez alguém morra e achem que tenha sido de velhice, quando na verdade foi infectado pelo mijo.

– Existe um velho provérbio – continuou ela, como se tivesse se lembrado de repente. – Nos bosques os animais não sujam, mas os homens sim. É deles que devemos tomar o exemplo.

– Realmente um belo provérbio!

Como um gesto de gentileza, Pigafetta, sempre confiante, ajoelhou-se, recolheu um pouco de água com as mãos em concha e bebeu.

– Realmente saborosa – disse. – Tem um aroma entre o vegetal e o animal. Devias experimentá-la.

– Prefiro comer uma lagartixa.

À noite voltamos para os navios e Magalhães nos recebeu com uma carranca fechada e sombria.

– Onde estiveram o dia todo?

– Em busca de ideias para o meu diário e vendo se encontrávamos um pouco d'água – respondeu Pigafetta, com seu sorriso ditoso. – O senhor mesmo nos deu permissão.

– Sim – resmungou ele. – E encontraram?

– Sim e não – respondi.

– O que é isso, uma adivinha? – disse ele, já com a cabeça em outro lugar. Depois, sem se dignar a lançar outro olhar para nós, afastou-se com seu passo arrastado.

No dia seguinte estava tudo pronto para a partida. À meia-noite estávamos prestes a levantar âncoras e despregar as velas pelo caminho do austro[12] quando eis que surge em meio à escuridão o contorno de uma caravela. Lançava sinais de luz em nossa direção com um lampião a óleo e disparava salvas de canhão. Magalhães deu ordem para esperar.

Quando a caravela se aproximou, um homem vestido de vermelho, com o rosto esburacado da varíola, pediu para conversar com o almirante, que lhe concedeu audiência.

Era um enviado do sogro, Dom Diogo Barbosa. Trazia duas cartas urgentes.

Magalhães abriu a primeira e começou a ler. Demorou pouco para fechar a cara. Ao terminar, ergueu os olhos e disse:

– Agradeça a Dom Diogo e diga que não se preocupe. Sou-lhe grato pelos preciosos avisos, mas é-me impossível levá-los em conta. Dei minha palavra ao rei e não pretendo retirá-la. Tranquilize-o dizendo que ficarei de olhos abertos.

O outro fez uma reverência e se despediu. Em seguida, Magalhães abriu a segunda, enviada pela esposa, dedicada inteira ao pequeno Rodrigo. Mas nem isso serviu para melhorar seu humor. Com um gesto brusco, enfiou a carta no bolso e mandou chamar o cunhado, Duarte Barbosa, ao qual mostrou a outra. Aquele, terminada a leitura, comentou:

– Pelo menos agora conhecemos as intenções deles.

Magalhães assentiu. Pouco depois, ordenou que zarpássemos.

---

[12] Austro: vento do sul; o sul na rosa dos ventos. [N.T.]

Enquanto pegávamos o vento em cheio na popa, aproximei-me dele e perguntei se recebera alguma notícia desagradável; porém, tratou-me de maneira rude, mandando-me ir cuidar dos meus afazeres. Desde que partíramos, seus modos tinham piorado muito; ficava cada vez mais ranzinza e taciturno, como que fechado num sofrimento. Eu via com frequência sua silhueta claudicante e desajeitada indo de um lado para o outro do tombadilho; surpreendia-o fitando com preocupação as outras naus à distância, o vaivém de botes de uma para a outra, sinal de que os capitães espanhóis se encontravam sem sua permissão. Devia perguntar-se o que andava pela cabeça deles, pois eu sabia que tinham uma grande inimizade com ele, e sem outra razão, ao que me parecia, que ser ele português e eles, espanhóis. Obedeceriam a suas ordens diante de contratempos e a grande distância das leis?

O comandante havia deixado a primeira carta sobre a escrivaninha, e quando, terminado meu turno ao leme, entrei em sua câmara para pegar um papel que me mandara buscar, tive a audácia de lê-la sorrateiramente.

"Caro Fernão, toma cuidado com os capitães espanhóis Cartagena, Mendoza e Quesada, e com os oficiais mais leais a eles. Soube de fontes seguras que se preparam, na primeira ocasião e de comum acordo, a recusar obediência a ti e aos teus oficiais. Cartagena está à frente da conspiração, que foi urdida no decorrer de um jantar ocorrido na noite anterior à partida e que – devo dizer-te – não tem qualquer participação do rei. Age como julgares melhor. A coisa mais sensata seria retornar e denunciar a conspiração ao soberano, mas não cabe a mim decidir. Ninguém melhor que tu pode interpretar os fatos e calcular as consequências."

Ouvindo passos, soltei a carta e fiz menção de sair. Magalhães, cruzando a soleira da porta, olhou primeiro para mim e depois para a carta, provavelmente se perguntando se eu a lera; mas não disse nada. Pegou-a, dobrou várias vezes e enfiou no bolso do gibão, com a cara mais fechada que nunca.

Mais tarde o vi subir ao tombadilho e fitar as estrelas por bem uma hora, imerso em sabe-se lá que reflexões. À meia-noite, o tenente Polcevera subiu ao convés para assumir o comando do segundo turno de guarda, chamado de *medora*. Eu voltei ao leme e Pigafetta foi posto de vigia na proa – ele próprio que pedira, na esperança de assistir a algum fenômeno digno de registro. Mas nada aconteceu naquela noite, de tão benévolos que estavam o mar e os ventos. E ali ficamos até a nova troca da guarda, comandada pelo contramestre, Francisco Albo, um grego de ombros largos e tão taciturno que parecia terem cortado sua língua.

Enquanto arrastava os pés rumo ao meu beliche, passei diante do camarote de Andrés de San Martín, o cosmógrafo que ocupara o lugar de Faleiro. Ouvi-o falando nervosamente com alguém. De repente a porta se abriu e, vendo-me ali, disse:

– O que está fazendo aqui fora?

– Nada – respondi e afastei-me o mais depressa que pude.

Havia algo errado com ele. Era homem de esconder mais de um segredo. Como muitos outros, aliás, e não só na nossa nau. Melhor ficar alerta.

Ainda assim, as coisas pareciam correr bem, embora fosse cedo para dizer. Durante o dia, o comandante multiplicava os exercícios nas enxárcias, nos mastros e nas velas para transformar aquela corja em autênticos marinheiros.

Observando os ditames do regulamento de 82 parágrafos redigido pelas mãos do próprio soberano, que contemplava cada mínimo aspecto da vida a bordo, da oração da manhã até a da noite, todo domingo os capelães Valderrama e Calmette, respectivamente na nau capitânia e na *San Antonio*, celebravam a missa. Não era permitido ausentar-se.

Nos planos de Magalhães estava previsto que os navios menores e mais velozes fossem utilizados para os reconhecimentos, por isso a frota era tão heterogênea. Porém, mantê-la junta, especialmente à noite e com mau tempo, logo se revelou uma tarefa árdua. Assim, antes da partida, o almirante ordenara aos capitáes e pilotos que se mantivessem sempre na esteira da capitânia. Durante o dia isso era fácil, mas à noite exigia um complexo sistema de sinais luminosos. A bordo da *Trinidad*, um farol pendurado na popa permaneceria sempre aceso. Uma lanterna adicional significava "aproximar-se da capitânia". Duas luzes sem o farol, "virar para pegar o vento do lado melhor". Três fogos, "abaixar a varredoura para aumentar a velocidade". Três luzes mais o farol, "reduzir o velame". Quatro, "amainá-lo por completo e preparar-se para jogar a âncora". Luzes ondejantes da tocha e um tiro de bombarda sinalizariam baixios, escolhos, e, portanto, a necessidade de lançar as sondas. Cinco: "endireitar as velas". E assim por diante. Era de enlouquecer! Porém, o estratagema mais engenhoso era o seguinte: toda tarde, antes do pôr do sol, cada navio devia aproximar-se da almiranta e o capitão, ereto no tombadilho, devia tirar o chapéu e dirigir a Magalhães a seguinte saudação: "Deus esteja convosco, senhor capitão-general. Desejamos uma boa noite". Em seguida, os capitáes deviam esperar de Magalhães as ordens para os turnos de guarda. Toda noite eram três: o primeiro, guiado pelo capitão ou pelo contramestre; o de *medora* pelo piloto; o terceiro pelo aguazil-mor.

Ninguém tinha permissão para interrogar o almirante sobre as decisões relativas à rota, e isso acabou por despeitar os outros capitáes e aumentar o rancor por Magalhães, que em nenhuma circunstância pensava em consultá-los ou convocá-los para compartilhar qualquer iniciativa, por ínfima que fosse.

Aconteceu então que, depois de três semanas de navegação, Magalhães decidiu mudar a rota, rumando para as costas da África em vez de para sudoeste e abandonando assim aquela que, para os capitáes espanhóis, era a rota natural para o Brasil. O mau humor a bordo cresceu ainda mais. Magalhães primeiro passou entre as ilhas de Cabo Verde, situadas a quatorze graus e meio, depois obrigou por dias a frota a não perder de vista a costa da Guiné até a montanha chamada de Serra Leoa, a oito graus de latitude, aonde chegamos entre rajadas de vento impetuosas e correntes contrárias que tornavam árduo avançar. Foi preciso baixarmos todas as velas para nos mantermos seguros.

Quando não havia vento, chovia. E quando saía o sol, era calmaria. Por todos os lados nadavam tubarões, cujas barbatanas avistávamos e os quais pescávamos com anzóis de ferro sempre que podíamos. Sua carne não era saborosa, embora a dos menores fosse melhor. Para puxá-los a bordo eram necessários cinco homens fortes, e enquanto o peixe ainda se debatia um temerário se aproximava e enfiava-lhe a faca na barriga; uma vez morto, havia quem o puxasse pela cauda ou quem lhe abrisse a boca fazendo graça. Também pescávamos com anzol atuns e douradas, que grelhávamos numa fogueira acesa no centro do navio e depois, sentados no pavês, comíamos os filés espetados na ponta das facas.

Como soube mais tarde, o almirante procurava por aquela via manter-se afastado dos navios de guerra portugueses e capturar o vento africano de poente, que somente seus compatriotas conheciam; porém, na falta dele, dia após dia, acabamos numa sequência de calmarias sem fim, desperdiçando duas semanas na imobilidade.

Por várias vezes ouvi Pigafetta levando aos ouvidos do comandante, por quem tinha uma grande veneração, os rumores maldosos a seu respeito que ouvira às escondidas aqui e ali. Em vez alguma surgiram no rosto de Magalhães sinais de irritação. Era como se nada pudesse atingi-lo.

Uma noite, enquanto jantávamos em sua companhia, o grumete da *Victoria*, um rapaz de 16 anos chamado Colin Baseau, natural de Le Croisic, de cabelos ruivos como o pai, que viajava na *Trinidad* como mestre ferramenteiro, pediu permissão para conferenciar com Magalhães. Este o mandou entrar e convidou-o a falar livremente na frente de todos. Creio que fosse um espia, e certamente Magalhães queria que soubéssemos que ele dispunha de uma rede de informantes nos navios.

O rapazinho, com o chapéu na mão, deu alguns passos à frente e agarrou no ar um cacho de uvas que o comandante lançou para ele.

— Como Dom Cartagena te trata?

— Como um nobre de Espanha trata um humilde servo, ainda por cima estrangeiro.

— E te açoita?

— Não – respondeu ele. – Apenas bofetadas. Mas não faz por maldade – apressou-se em esclarecer.

— E diz-me: o que se vocifera nos jantares dos capitães espanhóis? Imagino que eu seja o assunto favorito das conversas deles.

— Não sei se posso... – O rapazinho passou os olhos em nós, como se dissesse: "Não seria melhor em particular?"

— Fala livremente – encorajou-o Magalhães. – Estás entre pessoas de confiança.

— Já que é assim...

— Mas vem, senta-te conosco, pega alguma coisa. Esta uva-passa está uma delícia.

O garoto não se fez de rogado e, ainda mastigando, começou a falar:

— Para começar, referem-se ao senhor com certos nomes...

Vi Pigafetta inflamar-se, a ponto de saltar de pé. Mas Magalhães o deteve.

— Pois fala.

— Está bem – disse o rapaz, ainda hesitando. – Chamam-no de "o Porco"... – Tossiu na palma da mão, embaraçado; mas, vendo que o almirante ria, prosseguiu: – E também ouvi estes outros nomes: Manquitola, Perna de Pau, Monstrengo...

— Não se pode dizer que brilhem pela criatividade. Sabem, meus caros – acrescentou, dirigindo-se aos presentes –, quantas vezes já ouvi esse tipo de epíteto dirigido a mim? O mundo é desprovido de imaginação. Mas vai em frente: o que se diz a meu respeito? E a propósito da rota?

— Dizem que se veste mal, como um marinheiro de baixo escalão.

– Pois é, não ando todo arrumado como o nosso nobre senhor – disse Magalhães. – O qual, se não me engano, chama o barbeiro dele todas as manhãs.

– O *señor* Hernando de Bustamante – disse o garoto.

– Sem contar os empregados, que todas as manhãs lustram seus sapatos como espelhos e todo dia trocam a pluma de seu chapéu. E o que mais dizem de mim?

– Inventaram uma cançoneta...

– E como seria?

– Ah, não posso cantar aquilo, não na frente de todos. É muito vulgar – esquivou-se o rapaz.

– E o que mais?

– No início insistiam em dizer que tinha errado a rota. Mas agora estão convencidos de que o senhor é um traidor.

– Quem disse isso? – apertou-o Magalhães, ficando sério.

– Foi durante o jantar de ontem. Estavam Dom Cartagena, o *señor* De Coca e o capelão, padre Calmette, que eles chamam de *Rejna*.

– Não sabia – Magalhães mostrou os dentes, achando graça. – Vai em frente!

– Dom Cartagena disse: "O Coxo está preparando a traição. É só estudar a rota para perceber. A estrela polar está sempre atrás de nós, quando deveríamos tê-la a estibordo. Creio que estamos indo para a Guiné, onde ele pretende nos entregar às autoridades portuguesas!".

– E os outros o que responderam?

– Estavam todos de acordo em defini-lo como traidor e incitavam Dom Cartagena a tomar as rédeas da situação. Mas ele pareceu hesitar e ao final declarou que aguardaria provas seguras.

– Estão a preparar um motim, portanto. Não achei que aconteceria tão cedo – disse Magalhães consigo mesmo.

– Não há dúvidas, comandante – disse Barbosa, que mal conseguia conter a fúria. – Têm que ser presos.

– Calma – disse Magalhães. – Cada fruto tem sua estação. E o tempo deles ainda não chegou.

Em seguida escondeu-se em seus pensamentos e ninguém mais ousou intervir.

Porém, o pior ainda estava pela frente: aos longos dias de calmaria, com os marinheiros definhando no convés, procurando abrigo à sombra das velas murchas nos mastros, jogando cartas e dados contrariando os regulamentos do rei, seguiram-se dois dias de tempestades tão assustadoras que as naus menores quase foram a pique. Somente o retorno providencial do céu limpo pôde salvá-las. Foi naquelas noites de tempestade que, em meio a um cheiro de pólvora e nuvens escuríssimas, avistamos em meio ao mar, não muito distante dos navios, um clarão repentino contra o céu, enquanto por todo lado brilhavam relâmpagos e trovejava como se um deus estivesse peidando. O homem que estava na gávea gritou para olharmos para o poente, e assim fizemos. A aparição dos fogos de São Telmo,[13] que nos deixaram meio cegos por horas, consolou-nos um pouco. Depois, num instante, o mar foi domado, a chuva cessou e o vento se aplacou.

Em função do prolongamento das calmarias, Magalhães determinou o racionamento de víveres, água e vinho. O mau humor cresceu.

Uma noite, enquanto eu estava ao leme, com os olhos quase se fechando, Pigafetta veio sentar-se ao meu lado.

– Perturbo?

– Chegaste na hora certa.

Afastei-me um pouco para lhe dar lugar. A Lua tomara o lugar do Sol em meio a um halo violáceo e alguns raios filtravam através das nuvens e vinham pousar sobre nós. De vez em quando vinha da tolda a voz do piloto, orientando-me.

---

[13] Fogo de São Telmo ou fogo de santelmo: chama azulada, devida à eletricidade atmosférica, que aparece na extremidade dos mastros e das vergas dos navios, sobretudo durante tempestades. [N.T.]

– Há quantas horas estás ao leme?

– Muitas. Mas estou acostumado.

– Nunca aconteceu de adormeceres?

– Uma vez. Mas depois disso nunca mais.

Endireitei o leme em três quartos, obedecendo à voz acima de mim.

– O que aconteceu?

– Acabamos encalhando. Levamos dias para desencalhar o navio. E perdi o trabalho, com desonra. Mas depois me reergui. Agora diz-me tu: como é lá de onde vens?

Seus olhos se acenderam.

– Vicenza? Tinhas que ver. É a mais extraordinária das cidades. Com suas torres e os muros sólidos, as portas suntuosas e os palácios de estilo florido, o grande Palazzo della Ragione e o Rio Bacchiglione de águas suaves, o perfume das glicínias e os passeios à noite, as moças, a música que brota das igrejas, o grito dos vendedores ambulantes. Eu descendo de uma família patrícia, uma longa estirpe de notários e magistrados. Fui criado junto com meus dois irmãos conforme regras de conduta invioláveis, próprias da nossa linhagem: coragem, lealdade, castidade, honra e fé. E aqui estou – concluiu, indicando a si mesmo com um gesto da mão e um sorriso escancarado.

– Estou vendo – disse eu, com um risinho. Era uma caricatura. E, no entanto, acabaria por tomá-lo como irmão. – De onde eu venho – acrescentei –, ao sul são só colinas, terras cultivadas e bosques, e ao norte fica o Atlântico. Meu avô paterno, Alfonso de Zubizarreta, não trabalhou um dia sequer; mas era tão magnânimo que nos levou à ruína. Dos meus pais, nem falo. Mas, voltando aos teus princípios, saibas que em minha família vigem os mesmos, só que em forma atenuada, ou invertida. Coragem, sim, o quanto bastar. Lealdade? Desde que não vire obstinação. Castidade? Nem pensar. Vês-me praticando-a?

Fitou-me por um instante, depois deu uma piscadela.

– Só se for o contrário.

– Exatamente. Quanto à honra, reconheço que é uma palavra bonita, mas deixo-a para quem pode se permitir.

– Não falaria assim, em teu lugar. E não creio que sejas sincero. A honra é tudo que possuímos, se tirarmos a fé.

– Pois bem, a fé. De fato uma bela invenção...

– Blasfemar não te servirá de nada.

– Pode ser. Mas tenho a impressão de que esta viagem nos colocará à prova. Ver-se-á então quem tem caráter e quem não tem. Vamos saber o que somos de verdade, por baixo das palavras.

– Do primeiro piloto, o que me dizes?

– Gomes?

– Quem mais?

Torci os lábios.

– Parece que três anos atrás submeteu ao rei o mesmo projeto e este o recusou; agora anda por aí dizendo que a ideia lhe foi roubada, ainda que na presença de Magalhães se mostre obsequioso. Se fosse o almirante, ficaria de olhos abertos.

– Tenho-o estudado – disse Pigafetta. – À primeira vista, parece alguém em quem se possa confiar, mas temo que haja pelo menos duas pessoas nele.

– Também acho. Melhor ficar de olho nas duas.

– Pois é – disse Pigafetta, dando uma piscadela e se levantando. – Agora me despeço. Tenho que escrever meu relato.

Nos dias que se seguiram, em meio a muitas dificuldades, alegramo-nos um pouco com a visão de pássaros de trajes bizarros, entre os quais uma espécie muitíssimo particular, cuja fêmea punha os ovos nas costas do macho e ali os chocava. Essas aves não tinham pés e eram obrigadas a voar permanentemente sobre as águas. Mas a raça mais extraordinária foi a dos pássaros que viviam do esterco de outras aves.

– Na minha terra são chamados de *cagassela* – disse Pigafetta, apontando-os com a pena de ganso, antes de voltar a tomar notas.

– Nós os chamamos assim porque perseguem os outros pássaros até que estes se cansem e, para se livrarem, resolvam expelir o máximo de esterco possível.

– Imagine o fedor!

– O excremento dos pássaros é inodoro.

– Então o que é esse cheiro ruim? Ou alguém soltou ar dos intestinos ou são esses seus *cagassa*, ou como diabos se chamam...

Pigafetta fingiu lançar-me um olhar indignado.

Mais adiante, avistamos peixes voadores de dorso prateado, que Pigafetta chamou de *colondrini*, sempre perseguidos pelas águias marinhas, que disputavam a comida de seu bico; e outros ainda, que ficavam em formações compactas como ilhas.

Ainda assim, o tempo perdido e os riscos corridos em razão dos cálculos equivocados de Magalhães, além de sua conduta antipática e sua obstinação, irritaram tanto o capitão da *San Antonio* que este, por meio das bandeiras de sinalização, várias vezes interrogou o almirante acerca da rota que estávamos seguindo, recebendo sempre a mesma resposta: "Seguir a almiranta sem fazer perguntas". Por isso, na primeira oportunidade, Dom Cartagena apresentou-se na saudação vespertina exigindo explicações, que o almirante se recusou a fornecer do modo mais arrogante, encerrando o assunto com estas palavras:

– Não sou obrigado a prestar contas das minhas decisões a ninguém, muito menos ao senhor. Espero que se limitem a obedecer às ordens sem discutir e a seguir a rota que estabeleci. Entendido?

Dom Cartagena, que era escorregadio como uma lesma e mais venenoso que uma serpente ebulidora, retirou-se com a cara fechadíssima, começando a incitar os demais.

No dia seguinte, como demonstração, não se apresentou à chamada, mandando seu imediato no lugar.

– Presta atenção. Deves cumprimentá-lo com estas palavras apenas: "Deus esteja convosco, meu capitão". Sem acrescentar "general". Está claro?

Assim o tinha instruído.

Magalhães fingiu não perceber a provocação. Todavia, tal conduta beirava ao motim; por isso, mandou a Dom Cartagena e aos outros uma advertência, lembrando-os de que, até prova em contrário, o comando da frota cabia a ele; exigia, portanto, que fosse respeitada a regra da saudação vespertina na forma estabelecida. Em resposta, a partir daquele momento o capitão da *San Antonio* recusou-se por completo a apresentar-se.

Mais uma vez, Magalhães fez de conta que não era nada. No entanto, quanto mais o observava, mais meu sangue gelava. Via-o absorto em suas ocupações, sem ser perturbado por nada na aparência, porém fechado em seu silêncio. Preparava-me para o pior.

Até que uma tarde, devendo estabelecer a punição a impor a um contramestre siciliano surpreendido em ato de sodomia com um grumete, Magalhães decidiu convocar os capitães e os capelães a virem a bordo da almiranta. Também eu estava presente, ao lado do almirante, na sala do castelo de popa, na presença de Dom Cartagena, Quesada, Mendoza e Serrão, além de Gómez de Espinosa e do contramestre.

Magalhães, excepcionalmente bem vestido, serviu um copo de xerez a cada um e mandou trazer a bandeja de biscoitos. Todos aceitaram de bom grado, exceto Dom Cartagena, que se declarou abstêmio. Já Quesada, que tinha o vício de beber e uma pança de gestante, passou um pouco da conta e ficou com as bochechas meio avermelhadas. Estranhamente, o almirante evitou repreendê-lo. Aliás, pareceu não notar o ocorrido. Os ânimos finalmente pareceram se acalmar. Tratou-se o caso do contramestre e o mais propenso a uma punição exemplar acabou sendo justamente o capitão da *San Antonio*, instigado por padre Calmette, enquanto Magalhães parecia mais orientado para a clemência.

Ao final decidiu-se pela condenação à morte do contramestre, que atendia pelo nome de Antonio Salomone. Seria executado assim que chegássemos ao Brasil. Assim foi decretado, sem possibilidade de recurso.

Porém, de repente os ânimos se exaltaram outra vez entre Dom Cartagena e Magalhães. O primeiro voltou a cobrar do almirante as razões que o tinham levado a seguir aquela rota desastrosa.

– Permita-me assinalar, na qualidade de *veedor* e representante de Sua Majestade, o rei Carlos da Espanha, que o senhor escolheu uma rota meridional demais. Nós exigimos...

Magalhães não o deixou terminar:

– Nós quem?

Dom Cartagena olhou em volta, em busca de apoio. Ninguém ousou se manifestar.

Magalhães lançou-lhe um olhar turvo e disse:

– O senhor deve obedecer e pronto. Sem que eu deva oferecer explicações.

Vi Cartagena empalidecer, pronto para explodir. Mas Magalhães se antecipou:

– Aliás, por qual motivo não tem se apresentado para a saudação ao fim do dia ultimamente?

Dom Cartagena, desdenhoso, respondeu:

– Mandei-lhe o meu imediato. Se não estiver bem assim, da próxima vez encarregarei o último dos grumetes.

Magalhães deixou aflorar um pequeno sorriso. Fez de conta que não tinha entendido e disse apenas:

– Em breve viraremos para o oeste com bons ventos e, depois de uma parada no Brasil, retomaremos a rota para o sul, até a passagem que apenas eu conheço.

– E onde se encontra essa famosa passagem? – desafiou-o Dom Cartagena.

– Somente eu posso fazer perguntas – cortou-o Magalhães.

Dom Cartagena saltou em pé, inflando o peito:

– Na qualidade de *veedor* geral de meu rei, exijo ser tratado com o devido respeito e espero as explicações que me são devidas. Caso contrário, ver-me-ei forçado a recusar-lhe obediência.

Eram as palavras que o almirante estava esperando. Esticou os braços e, agarrando Dom Cartagena pelo colarinho plissado, rugiu-lhe na cara:

– O senhor está preso! – e para o aguazil-mor: – Senhor Espinosa, ponha-o a ferros e leve-o para o porão, onde permanecerá até nova ordem.

Espinosa chamou três aguazis que esperavam do lado de fora. Imediatamente imobilizaram Dom Cartagena.

– Capitães de Castela – gritava este, como uma águia engaiolada –, deixarão prenderem o *veedor* geral?

Mendoza e Quesada olharam em volta.

Cercados por Barbosa, Henrique, Espinosa, os aguazis e este que vos fala, perderam a coragem.

Fora um verdadeiro golpe de mestre, de romper qualquer resistência.

Depois de um instante, porém, Luís de Mendoza manifestou-se:

– Almirante, não pretendo discutir sua decisão. Permita-me, no entanto, expressar minha humilde opinião. Ressalto, com o devido respeito, que o capitão Cartagena é um nobre espanhol, caro ao rei e primo do cardeal; não creio que mereça tal tratamento. Por isso permita-me apresentar este apelo: confie-o à minha custódia. Responsabilizar-me-ei por ele. Ficará preso sob palavra de honra, a bordo do navio que, conforme sua vontade, tenho a honra de comandar, e à sua disposição a qualquer momento.

Magalhães ouviu aquelas palavras aparentemente calmo. Pareceu refletir; depois, com voz conciliatória, disse:

– Está bem. Se me der sua palavra, assegurando-me lealdade, confiar-lho-ei. Mas saiba que o considero responsável a partir de agora. Quando solicitado, o prisioneiro deverá ser conduzido até mim algemado, para que eu decida o que fazer com ele. E isso até segunda ordem.

– Tem minha palavra – respondeu Mendoza.

Dei uma olhada para Cartagena, que parecia murcho. Quase um fantoche, ou pior: um condenado à forca à espera da execução.

A vontade de Magalhães prevalecera. E a situação, se por um lado podia representar uma reviravolta no plano da disciplina, por outro abria caminho para a inquietude.

– Elcano – disse ele então. – Chame De Coca para receber instruções. Pretendo confiar-lhe o comando da *San Antonio*.

– Às ordens, almirante – disse, corando.

Houve um murmurinho, logo silenciado. Era claro que sua decisão era irrevogável: Cartagena estava sendo destituído de todo poder, então e dali por diante.

A tensão era grande. E ainda assim a consideração que a tripulação tinha das habilidades de Magalhães permanecia incólume. Parecia não dormir nunca. Demonstrava saber prever as tempestades, o desgaste dos navios, toda sorte de intempéries.

Com cada vez mais frequência, San Martín vinha tirar dúvidas com o comandante, não compreendendo a posição das estrelas; este, porém, recebia-o de má vontade, fornecendo sempre respostas elusivas.

Passada a linha equinocial e rumando para o sul, acabamos por perder o vento de tramontana[14] e o capitão-general mandou redobrar o número de vigias, esperando ver surgir a terra de uma hora para a outra, ou pelo menos algum sinal dela: vestígios de folhas na água, algas, madeira, água mais escura, variedades de aves.

Navegamos entre o sul e o sudoeste ainda por dias, até 23 graus e meio de latitude sul e, portanto, a oito graus do Polo Antártico. Deu-se então que, aos 29 de novembro, quando já não esperávamos mais, veio da gávea o grito:

– Terra! Terra!

Corremos todos ao pavês de estibordo.

---

[14] Tramontana: vento do norte; o norte na rosa dos ventos. [N.T.]

Aquela faixa de costa baixa, toda de falésias e mais adentro florestas, que avistávamos no horizonte, era a orla do Brasil, na altura de Pernambuco.

A *Concepción*, que tinha em Carvalho um piloto experiente naquelas águas, foi enviada à frente em busca de um bom atracadouro e tomou a direção de Cabo Frio, seguida pelo restante da frota. Somente no último instante Carvalho se deu conta do erro que nos levaria ao encontro de uma formação rochosa que apareceu de repente e, dando o alerta com dois tiros de bombarda, virou bruscamente, salvando a frota.

Alguns dias depois, para ser exato, aos 13 de dezembro, dia de Santa Luzia, entramos finalmente numa ampla baía protegida por ilhotas brancas, batizada com o nome da santa (hoje leva o nome de São Sebastião do Rio de Janeiro), com o sol no zênite batendo em nossas cabeças. Aquela visão de ilhotas floridas que surgiu diante de nós, quase cobrindo toda a costa, pareceu-nos semelhante ao paraíso terrestre. Mais atrás alongavam-se praias arenosas delimitadas por picos em forma de cone. E, mais adiante, impenetráveis florestas virgens, a perder de vista.

Era tudo tão cheio de maravilhas que não parecia verdade.

E talvez não fosse.

UMA MENTE LIVRE RECUSA QUALQUER LAÇO com leis que não sejam aquelas que ela própria se impõe, uma vez que toda autoridade constituída não passa de usurpação, e toda lei vinda de cima ou proveniente do exterior tem suas raízes no abuso e na imposição. Nos dias que se seguiram, coube-nos experimentar ao extremo o alcance de tais reflexões, que – não nego – ressoam como música suave para alguns, mas não para a maioria. Já há algum tempo, de fato, cheguei à conclusão de que o modo de vida mais eficiente é aquele em que cada um deseja exatamente aquilo que lhe dizem dever desejar. Ainda mais que nem sempre é boa coisa obter o que desejamos: às vezes descobre-se que seria preferível não o ter sequer desejado.

Assim que entramos na baía, vieram das praias dezenas de canoas dos indígenas, as quais eram planas e largas, escavadas com machados de pedra, e podiam levar trinta ou quarenta ocupantes cada. Movimentavam-nas remando com pás semelhantes às de forno, chamadas "pagaias", numa sequência de gestos bem ritmados. Vinham até nós completamente nus, com a pele reluzente e sem pelos, tanto os homens quanto as mulheres (estas cobrindo o púbis com os longos cabelos soltos), parecendo uma turba de almas saídas dos pântanos do Estige.[15] Lançavam gritos que deviam significar: "Os barcos grandes!", ou algo do gênero.

Ancoramos na baía e baixamos os botes, depois que nos foi concedido pelo almirante, com o costumeiro sistema de sinalização, descer em terra livremente, ainda que em escalões e respeitando os turnos.

Os indígenas, já acostumados com os europeus, acolheram-nos com grande festa, na esperança de presentes e bons escambos. Como ficamos sabendo ao entrar em contato com eles, viviam na floresta de pau-brasil, que se estendia densa para todos os lados, em casas baixas e compridas chamadas *bois*, e dormiam em redes de algodão chamadas de *hamacas*, penduradas em grandes paus fincados no chão. Cada uma dessas casas abrigava até cem famílias, numa grande algazarra e entre fogueiras que crepitavam sem cessar.

À época esses selvagens não eram cristãos (agora não sei) e não adoravam nada, vivendo segundo os ditames da natureza, e desse modo chegavam a viver até 140 anos – assim nos garantiam. Só raramente caíam doentes e, nesse caso, dispunham de unguentos capazes, segundo eles, de curá-los. Se as mulheres deixavam o cabelo crescer sem nunca o cortar, os homens tinham-no tosado à maneira dos clérigos, porém mais longo.

– Esta terra, que alguns chamam de Brasil e outros de Verzin,[16] pertence ao rei de Portugal – observou Pigafetta, sempre informado sobre tudo. – É mais vasta e rica em recursos naturais do que Espanha, França, Inglaterra e Itália juntas. Eis por que desperta tanta cobiça.

Ninguém teve o que objetar.

---

[15] Estige: rio da mitologia grega que era necessário cruzar para chegar ao mundo dos mortos. [N.T.]

[16] Verzin ou Verzino: nome pelo qual os italianos chamavam o pau-brasil e, em função deste, o Brasil. [N.T.]

Quando, à tarde, construímos na praia um altar com troncos de árvore e erguemos nele uma cruz para rezar a missa, os índios – com seu chefe à frente, trajado à turca com uma roupa que o capitão-general lhe dera de presente, – compareceram em massa pela grande curiosidade que os movia, permanecendo, porém, a distância, atentos e desconfiados como animais selvagens, ao redor do espaço circular que tínhamos liberado. Já aos primeiros salmos, tinham-se acumulado grandes nuvens escuras no céu. Quando padre Calmette ergueu ao céu o cálice e o pão consagrado, desabou, anunciado por relâmpagos e trovões, um feroz temporal, quase um dilúvio. Os índios, que aguardavam a chuva como uma salvação, sofrendo uma seca que já durava quatro meses, julgaram nosso Deus muito poderoso. E assim avançaram, vindo em bandos até os pés do altar, e logo caíram de joelhos diante da cruz, com as mãos postas imitando nossos gestos e até beijando-a com arrebatamento. Mas isso não deve surpreender. Era gente tão crédula que tinha enfiado na cabeça que os navios fossem as mães dos botes e os pariam quando os descíamos ao mar; e quando os mantínhamos presos nos flancos dos navios, achavam que fosse para amamentá-los.

O comandante, vendo aquele espetáculo de arrepiar a pele, deixou escapar uma lágrima. Enxugou-a com o dorso da mão, olhando em volta para descobrir se alguém tinha visto.

Seu olhar se turvou somente um instante, quando notou que Cartagena desembarcara, contrariamente às suas ordens. Mas preferiu deixar passar, ao menos por ora.

À noite realizou-se uma grande festa na aldeia. Assaram na fogueira carnes de frango, de porco e de anta, servidas em bandejas carregadas de frutas, verduras, batatas-doces e pão branco feito com farinha de raízes.

De nossa parte, levamos dos navios uma dúzia de barris de vinho e algumas iguarias preparadas como foi possível. Alguns marinheiros começaram a arranhar as cordas de seus alaúdes e todos juntos nos entregamos ao canto, inclusive os indígenas, que se esforçavam para nos acompanhar como podiam. Nem toda a tripulação estava presente, porém, tendo alguns ficado de guarda a bordo. De Cartagena, nem sinal. Provavelmente voltara ao seu posto – é o que deve ter pensado o almirante, que vi murmurando alguma coisa ao ouvido de Henrique, o qual pouco depois desapareceu na escuridão, movendo-se depressa em direção aos navios.

Nos dias seguintes, como de costume, iniciamos os escambos com os indígenas, graças aos quais conseguimos galinhas, batatas, abacaxis, além de patos, açúcar de cana e outras coisas. Por um anzol de pesca ou uma faquinha eram capazes de oferecer em troca cinco ou seis galinhas. Por um pente, um par de gansos; por um espelho ou uma tesoura, peixe suficiente para dez homens; por um chocalho ou um cadarço, um cesto de batatas. Por uma carta de baralho nos pagaram com doze galinhas e ainda achavam que nos tinham enganado. Alguns apareciam com grandes papagaios e por um simples espelhinho estavam dispostos a nos dar até uma dúzia. Um deles nos ofereceu certos macaquinhos amarelos que pareciam leões, querendo em troca uma blusa de seda ou uma touca de pano. Entretanto, a coisa mais surpreendente era o pouco valor que davam às mulheres: por uma machadinha ou uma faca grande podia-se obter uma ou duas de suas filhas como escravas ou para tomar como esposa. Tinha que ver como riam, depois de cada escambo, convencidos de terem nos passado a perna. Por aquelas bandas eram as mulheres que trabalhavam o dia todo e traziam dos montes a comida dentro de cestos ou balaios apoiados na cabeça, porém sempre escoltadas pelos maridos armados com um arco de pau-brasil e um punhado de flechas de madeira. Muitas delas levavam os filhos pendurados no pescoço numa rede de algodão, para não os deixar sozinhos na aldeia.

Nos dias que permanecemos ali, empanturramo-nos até quase estourar.

Com o miolo da árvore de mandioca cozinhavam um pão redondo e branco, não muito gostoso, que lembrava a ricota.

Dentro de cercados de bambu, criavam porcos em abundância, e grandes aves de bico duro em forma de colher, mas sem língua, semelhantes aos nossos patos-trombeteiros.

Tratava-se em sua maioria de gente mansa e curiosa, é preciso reconhecer, além de amante do ócio e da paz. Contudo, embora moderados e avessos a ofensas, comiam carne humana. Mas apenas a dos inimigos, e não porque gostassem, pelo que diziam.

Uma noite, diante da fogueira, um chefe da aldeia nos explicou como a coisa nascera. Uma velha só tinha no mundo um filho, que foi morto pelos inimigos. A tribo da velha então raptou um filho da família rival e levou-o até ela. A velha, ao vê-lo, foi para cima dele como uma cadela enfurecida e mordeu-o no ombro. Pouco depois o jovem fugiu e, voltando à sua aldeia, mostrou os sinais dos dentes, alegando que queriam comê-lo. Quando, então, estes capturaram alguns daqueles, devoraram-nos. E o mesmo aconteceu quando aqueles capturaram alguns destes. A partir daí, ao que parece, teve início a tradição.

Não os comiam logo, porém, continuou explicando o chefe, mas em pedacinhos e um pouco por vez, salgando a carne e defumando-a. A cada oito dias cortavam um pedaço e colocavam no fogo para tostar. Esse era o costume.

Tanto os homens quanto as mulheres tinham um cuidado extraordinário com a própria aparência, pintando de maneira extraordinária o corpo inteiro (que não tinha pelos porque o tosavam) e até o rosto, que marcavam com carvão.

A maioria tinha compleições bem formadas e proporcionais, altura inferior à nossa, pele morena, e todos, inclusive os anciões, pareciam dotados de grande destreza nos movimentos e nas provas físicas.

Durante as cerimônias religiosas, vestiam-se de penas de papagaio com uma coroa de ramos na parte de baixo para fazer uma circunferência. Seus rostos eram na maioria bonitos e de feições gentis; porém, quase todos os homens, mas não as mulheres e muito menos as crianças, tinham três buracos no lábio inferior, onde levavam cilindros de pedra do comprimento de um dedo que o deformavam e ficavam pendurados para fora. Alguns outros tinham o costume de furar bochechas, queixo, nariz, lábios, orelhas, e ali pendurar anéis e pedrinhas de mármore, cristal ou marfim, ou ainda ossos branquíssimos, transformando assim os próprios rostos em horríveis máscaras assustadoras, de tão cheios de furos e de pedras coloridas pesando várias onças.[17] Nos lóbulos das orelhas levavam ainda grandes anéis e pérolas penduradas. As mulheres, por sua vez, além das pinturas nos olhos, nos lábios e nas unhas, usavam ornamentos finos nas orelhas, geralmente brilhantes. Eram muito luxuriosas e tinham hábitos extravagantes: para satisfazer suas vontades, assim nos contou um chefe de aldeia de nome Belin, davam escondido aos homens o suco de certa erva capaz de produzir ereções de proporções anormais. E, se isso não fosse suficiente, enquanto os homens dormiam, encostavam certos animais venenosos no membro masculino para que sua mordida o fizesse inchar desmedidamente. Por isso muitos índios logo ficavam impotentes, e os testículos de alguns apodreciam.

Achei a coisa não só repugnante, como até incompreensível. Perguntava-me por que os homens não se rebelavam.

Notando minha perplexidade, o chefe sorriu e explicou-me que aquela era a tradição, e contra as tradições não havia remédio.

Mesmo assim, apesar de rechonchudas, suas mulheres eram bem vistosas, tendo corpos firmes e pele macia; mesmo aquelas que tinham parido muitos filhos conservavam-se atraentes, com seios bem rijos e a pele do ventre sem dobras.

Sua luxúria, para dizer a verdade, não poupou nem mesmo a nós, uma vez que com frequência acontecia de se aproximarem em lugares afastados para nos concederem seus favores. Logo começou

---

[17] Onça: antiga unidade de medida de peso de vários países, com valores que variavam entre 24 e 33 gramas. [N.T.]

um vaivém de botes dos navios para a terra firme, numa movimentação digna de um bordel, que o almirante se impusera suportar sem proferir uma palavra, embora seu olhar dissesse muito. Os navios se encheram de mulheres, que os marinheiros recebiam nos beliches ou nos catres do convés inferior por noites e noites a fio. Alguns de nós desapareciam em terra firme e só eram vistos de volta dias depois. Barbosa não deu sinal de vida por uma semana e ao voltar foi posto a ferros pelo próprio cunhado. Mas estava tão satisfeito que deu risada. Os únicos a manter distância das mulheres eram o almirante e Pigafetta. Porém, quando este último não retornou ao navio uma noite, Magalhães ficou preocupado. No dia seguinte, viu-o voltar de pés descalços, todo desalinhado, com um par de calças leves e tão perturbado nas feições e nos cabelos que teve de repreendê-lo duramente e ordenar que se vestisse e se recompusesse. Todavia, como fiquei sabendo mais tarde, ele não tinha aprontado muita coisa, já que fora interrompido na melhor parte pelo irmão da garota.

O dia 20 de dezembro foi um dia funesto, pois o almirante ordenou que procedêssemos à execução do pobre Antonio Salomone, que foi enforcado diante dos olhos atônitos dos selvagens.

No dia seguinte, Magalhães considerou oportuno revogar o comando a De Coca, que segundo ele se revelara um inepto, e confiá-lo a Mesquita, razão pela qual aumentaram entre a tripulação os comentários sobre favoritismos para com parentes e compatriotas. De sua parte, De Coca reagiu do pior modo possível; ainda assim, só o que fez, passada a raiva inicial, foi se fechar num silêncio desdenhoso, mas carregado de expectativa. Além disso, uma vez que Mendoza faltara com a palavra dada e mostrara-se pouco confiável na custódia do prisioneiro, que continuava a aparecer em público mais arrogante e engomado que nunca, o almirante decidiu passar a atribuição a Quesada, transferindo Cartagena para a *Concepción*. Já San Martin foi removido para a *Victoria*. Tudo isso, creio eu, para embaralhar as cartas e desatar os nós estreitos demais que se tinham formado.

Os dias passados em Santa Luzia nos permitiram gozar do descanso de que precisávamos. Celebrou-se missa outras duas vezes, na grande praia diante dos navios, e os índios vieram às centenas para participar e se batizar, tanto que Calmette e Valderrama tiveram que esgotar todos os santos do calendário e aguentar firme até tarde da noite, para contentar aquela grande massa.

Pensando que quiséssemos ficar algum tempo, num único dia os índios ergueram para nós uma enorme casa de pau-brasil – derrubaram-no em grande quantidade, e o que sobrou nos deram de presente.

Um fim de tarde, uma mulher veio ao navio e, diante dos olhos meus e do capitão-general, entrou no camarote do mestre ferreiro, tirou de lá um prego mais comprido que o dedo médio e, pensando que fosse um ornamento, passou-o de um lábio ao outro da vagina. Depois foi embora sem dizer uma palavra.

Pigafetta, chegando naquele momento, arregalou os olhos.

– Viram aquilo?

– Isso não é nada – disse eu. – Mais para dentro da floresta, disseram-me, vivem tribos ainda mais selvagens, onde todos copulam com todos: a mãe com o filho e irmãos e irmãs entre si. E gostam tanto de carne humana que o pai devora o filho e o filho o pai, conforme o caso.

– Vamos, vamos, menos conversa e voltem ao trabalho – interrompeu-nos o comandante.

Não estava inventando histórias. Mais para o interior, próximo a algumas fontes de água fervente, havia uma tribo, tinham-nos relatado nossos índios, que vivia sem leis nem ídolos. Os homens podiam ter tantas mulheres quantas fossem capazes de manter e controlar, e todos copulavam com quem fosse, sem resguardo com o próprio sangue; e ainda por cima a coisa toda acontecia em público. Eram tribos bem pouco mansas, que combatiam ferozmente entre si, entrando com frequência em discórdia, tanto entre os clãs quanto entre indivíduos. Os inimigos vencidos eram feitos em pedaços e depois comidos, pois consideravam a carne humana mais saborosa que qualquer outra.

Em todas essas terras os chefes de aldeia gozavam de muito poder, mas acima deles estava um rei chamado "cacique", que falava por último no conselho: sua palavra pesava mais que qualquer outra.

Um dia desapareceu um italiano de nome Armigi. Procuramo-lo por toda parte. Fomos parar na cabana do cacique, que concordou em falar conosco.

Depois de muitas cerimônias, relatou-nos ter sabido de um branco que se embrenhara na floresta, dois dias antes, para ir atrás de uma mulher pela qual se encantara. E tinha ouvido falar que ele fora capturado pelo Grande Mojo.

Quando lhe perguntamos quem era esse Grande Mojo, o cacique explicou que se tratava de um homem perigoso, que vivia isolado desde a mais tenra idade, sem jamais se lavar nem cortar a barba e o cabelo, os quais agora desciam até os pés e mais ainda, seguindo-o como uma cauda.

Perguntamos se era possível que o Grande Mojo tivesse feito mal ao nosso companheiro, mas o cacique não respondeu. Insistiu para que almoçássemos com ele, e só depois de nos oferecer água e comida em abundância nos contou algumas histórias horripilantes sobre o Grande Mojo, que entre outras coisas se gabava de ter devorado mais de trezentos homens.

Ouvindo aquelas palavras, meu estômago se fechou na hora e não consegui engolir mais nada.

Na cabana do Grande Mojo, continuou o cacique como se nada fosse, pudera ver com seus próprios olhos, pendurados no teto, pedaços de gente postos para secar, depois de salgados, assim como nós costumamos pendurar linguiças e carnes de javali secas ao sol ou defumadas. Quando o cacique manifestara ao Grande Mojo que não achava a carne humana tão gostosa, este se enfurecera ao ponto de o cacique temer pela própria vida e preferir ir embora, ainda que estivesse escoltado por três guerreiros.

Isso nos contou o cacique, e ficamos atônitos.

Perguntamos se podia nos levar até a cabana dele imediatamente e oferecemos muitos presentes em troca desse favor.

Mas ele não aceitou nada. Somente após longa insistência concordou, com a condição de que prometêssemos ensiná-lo a ler e escrever. Aceitamos. Fortemente armados, seguimo-lo em quatro por uma trilha batida através da floresta, entre gritos de macacos e sinistros ruídos de passos nas folhas. Aonde quer que fosse, o cacique levava sempre consigo um guarda-costas, extremamente musculoso.

Depois de uma hora de muita caminhada, chegamos a uma cabana com teto de galhos, construída na margem íngreme de um curso d'água. O cacique fez sinal para prosseguirmos a partir daquele momento com a máxima cautela, evitando fazer barulho. Reinava um silêncio insólito ao redor, como se não houvesse uma alma viva.

Quando entramos com todo cuidado na cabana, o cacique soltou um suspiro de alívio, explicando-nos que devíamos nos considerar sortudos porque o Grande Mojo, como ele esperara, devia estar fora, caçando. Foi nesse momento que Pigafetta soltou um grito. Com uma mão cobria a boca e com a outra indicava um ponto na penumbra da cabana. Olhamos. O espetáculo que surgiu diante de nós se revelou tão terrível que ainda hoje me acontece de sonhar com ele à noite.

De uma viga do telhado pendiam os restos do pobre Armigi, feito em pedaços e posto para salgar. A cabeça jazia num cesto, com as órbitas vazias e uma banana enfiada na boca.

Fiz menção de desembainhar a espada e descontar a raiva destruindo tudo – odres, ânforas, bacias, suprimentos de comida, rede, tudo –, mas o cacique me deteve a tempo e fez sinal para me calar. O Grande Mojo, que decerto se encontrava nas redondezas, poderia nos ouvir e correríamos o risco de ter o mesmo fim.

– Mas estamos em seis – observei.

O cacique balançou a cabeça, explicando-nos que, contra o Grande Mojo, nem mesmo seis homens armados podiam sentir-se tranquilos.

– O que vamos fazer? – perguntou Pigafetta.

– Em primeiro lugar – respondi –, vamos enterrar o que resta de Armigi.

Compreendendo nossas intenções, o cacique não se opôs, mas rogou que carregássemos tudo numa esteira que se encontrava do lado de fora da cabana e transportássemos os restos para longe dali, para sepultá-los em local seguro. Mas devíamos nos apressar, antes que o Grande Mojo retornasse.

Pondo de lado a repulsa, soltamos os restos do nosso companheiro da viga e os enrolamos em grandes folhas de bananeira, depositando-os depois na esteira e pondo-nos em marcha. Numa ponta daquela carga improvisada havia uma corda que dois de nós puxavam. Mal tínhamos percorrido meia légua quando ouvimos gritos assustadores que ressoavam no ar.

O cacique nos fez entender que aquilo que ouvíamos era a fúria do Grande Mojo. Tínhamos de nos apressar se quiséssemos evitar um confronto com ele.

Aceleramos o passo, mas logo ouvimos o ruído de galhos se abrindo atrás de nós. Voltamo-nos e vimos emergir da folhagem um energúmeno com quase cinco côvados de altura, todo coberto de pelos, com os cabelos e a barba indo até o chão. Parecia cuspir fogo, de tanto que gritava e se agitava. Trazia na mão uma lança, com a qual se precipitou para cima de nós.

Pigafetta conseguiu evitá-lo por pouco, esquivando-se no último instante, do modo que se evita o ataque de um javali enfurecido.

Desembainhei a espada e corri ao encontro dele, decidido a enfrentá-lo. Mas bem naquele momento um poderoso rugido se elevou no ar e, no instante seguinte, eis que surge uma onça de dimensões gigantescas. O Grande Mojo, rápido como uma flecha, aproveitou para desaparecer (talvez não esperasse ver-se diante de seis homens armados), e a nós só restou nos havermos com o animal, que conseguimos cercar e abater a golpes de espada.

Do Grande Mojo, nem sinal. No fundo se revelara um covarde. No chão restavam apenas o cacique e seu guarda-costas: o Grande Mojo devia ter ferido os dois de morte antes de desaparecer, enquanto lutávamos com a onça.

Decidimos abandonar os corpos deles ali, assim como os restos do nosso companheiro. Começava a escurecer e deixar-nos surpreender pelas trevas naquelas bandas seria imprudente. Chegamos de volta aos navios já com a noite caída, sinceramente aliviados.

Quando Magalhães foi informado do ocorrido, repreendeu-nos duramente, julgando que, para salvar a vida de um homem, corrêramos o risco de perder outras quatro. Além disso, os índios poderiam nos responsabilizar pela morte do cacique. Era melhor, por ora, não contar a ninguém o que lhe tinha ocorrido. De resto, ninguém nos vira juntos.

Aquela aventura com o Grande Mojo se revelara a meio caminho entre o horror e o grotesco. Mas ele não constituía a única ameaça naquelas paragens. No interior da mata virgem, a oeste, na direção das cascatas, viviam tribos ferocíssimas, semelhantes mais a bichos que a seres humanos, das quais era prudente manter distância. E no fim das contas nem os nossos índios eram assim tão mansos. Mesmo entre eles de vez em quando estouravam guerras e disputas. Ao guerrear só dispunham de arcos, flechas e lanças de madeira com pontas de pedra, e mesmo assim seus confrontos eram extremamente sangrentos. Todas as tribos daquela área se alimentavam, em tempos de guerra, principalmente de carne humana, e quando estavam em paz viviam de caça e de pesca, além da coleta das frutas e verduras que cresciam espontaneamente. De algumas plantas muito perfumadas extraíam seivas, resinas, licores e sucos, dos quais obtinham unguentos e remédios. Ainda que a terra fosse fértil, não praticavam nenhuma forma de agricultura, alimentando-se de ervas e raízes. O subsolo e as rochas não escondiam outros metais além do ouro, ao qual não davam nenhuma importância, havendo abundância dele. Conseguiam com facilidade pérolas do mar e pedras preciosas das montanhas. Não conheciam nem escrita nem literatura nem arte, e muito menos as outras disciplinas. Seu saber era todo prático. Isso foi o que conseguimos aprender a seu respeito.

Ficamos naquele lugar por treze dias, dedicando-nos ao escambo, à pesca, a nos empanturrarmos de comida fresca e a muitos outros prazeres, em especial atraídos pelas maneiras desinibidas das mulheres guaranis – assim aquele povo chamava a si mesmo.

Todavia Magalhães, eu percebia, não estava feliz. Ansiava por voltar ao mar o quanto antes. Além do mais, o desaparecimento do cacique, conforme previsto, deixara os guaranis agitados. Felizmente não suspeitavam de nada. E tínhamos recebido ordens de manter a boca fechada. Mas por quanto tempo ainda seria possível esconder a verdade?

Ao final do 13º dia, em meio ao descontentamento da tripulação, o almirante pôs fim às delongas. Ordenou que juntássemos provisões em grande quantidade. Mandou em terra uma esquadra de aguazis para desentocar os marinheiros enfiados nas cabanas de suas amantes, reconduzindo-os a bordo à força, se necessário. Em seguida mandou que desembarcássemos qualquer indígena que se encontrasse nos navios, exigindo que se vasculhassem até os porões, onde temia que a tripulação tivesse escondido mulheres. Restabelecidas as reservas de água doce e de lenha, e feita a chamada para apurar se não faltava ninguém, a pedido do padre Calmette celebramos uma missa solene de despedida na praia, e os guaranis acudiram em massa de todos os lados para participar. Como das outras vezes, muitos se ajoelharam com as faces contritas diante da cruz abençoada, juntando as mãos como nos viam fazer e de vez em quando se levantando para beijá-la, cada vez mais desinibidos e à vontade com aquele ritual. Por fim, para nossa surpresa, juntaram-se a nós para cantar o *Te Deum*, acompanhando-nos com suas vozes grossas e desafinadas, de modo que o canto, de melodioso e suave, tornou-se áspero e selvagem. Mas ao Senhor Deus deve ter agradado do mesmo jeito. Ao menos assim creio eu.

Diante da renovação daquele espetáculo, pela segunda vez vi descer uma lágrima dos olhos severos do almirante, mas agora sem que ele fizesse nada para escondê-la; aliás, quase a exibia.

– Não é necessária a espada para converter ao Senhor essa gente – ouvi-o dizer.

Ainda assim, não conseguia esconder a preocupação pelo destino do cacique e as consequências que podiam advir.

Pigafetta, ao seu lado, como sempre anotava tudo. Anotara no caderno algumas palavras que aprendera: *hui* para farinha, *tacse* para faca, *chigap* para pente, *pirame* para tesoura, *pinda* para anzol, *itanmaraca* para chocalho, e *tum maragatum* para ótimo. Também havia feito retratos bastante fiéis daqueles selvagens, que um dia fariam nosso monarca, contemplando-os, não conseguir conter o riso.

Entre as outras coisas notáveis, não posso deixar de lembrar disto: Magalhães, muito respeitador de todas as regras, e especialmente desta, estabelecida pelo soberano de próprio punho, proibira expressamente a escravização daquelas pessoas e a posse de ouro acima de certa quantidade, tendo além do mais se convencido de que conseguira mais com as boas maneiras que com o roubo. Convencera-se disso sobretudo assistindo à aparente conversão dos índios. Mas obviamente se iludia. Aqueles selvagens, assim que lhes virávamos as costas, voltavam aos próprios hábitos como se jamais tivessem existido outros.

Depois de nos confessarmos e comungarmos, o almirante deu ordem para zarpar, entre os prantos das mulheres e os olhares aflitos dos marinheiros.

Mas nem todos os índios tinham vindo nos festejar. Ao que parecia, os cadáveres do cacique e de seu guarda-costas tinham sido encontrados, e um grupo de guaranis belicosos avançava em direção à praia. Apressamo-nos então em levantar velas e retomar a viagem, enquanto o grito deles se perdia ao longe.

A CIÊNCIA NÁUTICA É SÓ UMA das possíveis explicações para o mundo áqueo, certamente não uma descrição dele. Que o sol nascerá novamente amanhã permanece apenas uma hipótese. Muitos zarpam sem jamais retornar. Mesmo assim, não há homem do mar que renunciaria a perseguir algum sonho fugidio, mesmo arriscando ser por ele arrastado para dentro de um redemoinho ou para o fundo de um abismo.

E assim eis-nos de novo ao mar, a perseguir nosso sonho feito de ar e de temores. Ou talvez fosse só o sonho dele, de Magalhães, até porque era o único a conhecer por inteiro os propósitos da viagem, seus desígnios secretos. Sabíamos que procurávamos uma passagem através daquele imenso continente, mas, uma vez que fosse encontrada, o que viria a seguir? Ninguém, exceto nosso almirante, seria capaz de dar uma resposta. As *Islas*, claro. Mas seriam elas alcançáveis por aquela via que ninguém jamais percorrera? Não acabaríamos talvez nos perdendo num mundo ignoto e infinito? E no fim das contas aquelas ilhas tão cobiçadas, uma vez que as alcançássemos, não se revelariam, como sói acontecer, pura ilusão?

Por dias e dias navegamos para o sul, mantendo-nos próximos à costa, primeiro escarpada e depois baixa e arenosa, até 34 graus e um terço de latitude.

Na noite de Ano Novo, eu e mais alguns poucos fomos recebidos para a ceia do comandante, que recorreu à sua reserva pessoal de vinho. No meio da refeição, Pigafetta levantou o cálice e brindou aos êxitos da expedição. Em seguida, cometeu o erro de pronunciar com o copo levantado estas palavras, tiradas de um de seus autores favoritos:

– Para um príncipe é muito mais seguro ser temido que amado.

O almirante não gostou nada delas, pois lhe pareciam talhadas para ele. Supersticioso e nada propenso à introspecção como era, fechou a cara na mesma hora.

Falou-se bem pouco no restante da ceia, e medindo muito as palavras. Uma noite realmente desafinada, pelo que me lembro dela. Mas muitas foram as noites desse tipo.

Dois dias depois passamos um promontório em forma de baleia, alto e rochoso, que se erguia sobre as ondas.

– É o Cabo de Santa Maria – disse Carvalho, solene. – Faz parte de uma península onde dizem haver muitas pedras preciosas e viverem canibais de estatura gigantesca. Quanto à estatura, posso confirmar. Estive lá cinco anos atrás com Juan Díaz de Solís, que cometeu a imprudência de descer em terra com sessenta homens e acabaram todos devorados pelos canibais diante dos nossos olhos. – Depois acrescentou, com o olhar perdido em lembranças: – Quanto às pedras preciosas, acredito que sejam uma lenda. Aquilo que estão vendo não é uma passagem, mas um rio. Pouco adiante ficam sete ilhas, e em todas elas vivem tribos de comedores de gente.

Magalhães não quis acreditar nele e ordenou que prosseguíssemos pela reentrância.

Em 10 de janeiro, depois de uma sucessão de promontórios escarpados, avistamos uma faixa de terra baixa e depois uma alta colina solitária e um tanto árida, que chamamos de Montevidi,[18] para além da qual se abria um vasto golfo, onde encontramos abrigo das borrascas que tinham começado no final daquela manhã. Aquele golfo parecia se estender infinitamente em direção ao poente, entre falésias e dunas, e sua boca tinha dezessete léguas de largura pelo menos, o que nos fez crer que encontráramos a passagem que estávamos procurando. A longitude e a latitude pareciam coincidir. Magalhães mandou à frente a *Santiago* e a *Victoria*, ordenando ao resto da frota que baixasse âncoras. Por quinze dias os dois batedores, com as velas de gávea amainadas, navegaram ao longo daquela via. De tempos em tempos desciam baldes à água e, quando eram puxados de volta a bordo, alguém afundava o dedo neles e experimentava. A água, de salgada que era, foi ficando primeiro salobra e depois doce. A mesma quantidade de dias ainda ficamos aguardando notícias. Quando os navios reapareceram, nenhuma bandeira tremulava com a flâmula. Era a resposta: tratava-se de fato de um rio, não da ansiada passagem.

Caiu a noite e atracamos diante de um grupo de ilhas que ofereciam abrigo.

De manhã avistamos na costa uma dúzia de selvagens de estatura bem acima do normal. Um deles veio ao nosso encontro com uma pequena concha, enquanto os outros permaneciam temerosos na borda da mata. Aproximou-se da *Trinidad* e falou com uma voz de touro, mas não conseguimos compreendê-lo. Magalhães determinou que uma centena dos nossos se preparasse para desembarcar na proximidade de uma praia atrás da qual se desenhava uma cadeia de brancas colinas arredondadas. Mas, assim que os nativos compreenderam nossos movimentos, fugiram como lebres e não foi possível alcançá-los, de tão rápidos que eram.

---

[18] Montevidi: hoje Montevidéu. [N.T.]

Depois de permanecer dois dias atracados para permitir aos carpinteiros tapar uma fenda que se abrira na quilha da *San Antonio*, retomamos a navegação rumo ao sul, sempre em busca da passagem, explorando cada enseada, vasculhando cada entrada, cada baía, cada golfo. A linha da costa corria diante dos nossos olhos cada vez mais desolada e melancólica.

– Devemos ter passado a linha de demarcação e entrado na zona de competência espanhola – disse Pigafetta uma noite, relatando o que ouvira do almirante.

– Para mim isso parece insensatez – observei. – Achas que os selvagens que habitam estas terras sabem alguma coisa do Tratado de Tordesilhas?

– Não creio – respondeu Pigafetta, sorrindo. – Mas o que importa? Não cabe a eles estabelecê-lo.

– Certo. Por um instante eu tinha esquecido o papel que o bom Deus nos atribuiu nesta Terra: ide e evangelizai!

Meu comentário não agradou ao italiano, que me deu as costas e, rijo como um pedaço de pau, saiu indignado.

Aproximava-se o inverno, que neste hemisfério começa em época diferente do nosso. Navegando naquela direção, se os ventos permitissem, ao cabo de um mês nos aproximaríamos das geleiras do círculo polar. Ninguém estava preparado para isso. Eram inadequados os equipamentos e faltava resistência aos homens. Não se viam mais florestas e árvores frutíferas, palmeiras e aves exóticas, mas costas inóspitas, sem vida. Vigias, pilotos e timoneiros estavam sempre alerta, sem um instante de descanso, assim como os gajeiros, empenhados nas manobras. Ventos fortes e vagas imponentes punham a dura prova os cascos, com ondas revoltas que passavam por cima dos paveses, submergindo o convés e encharcando os marinheiros. A temperatura caía e a tripulação congelava. Com cada vez mais frequência estouravam rixas, e uma noite, na *San Antonio*, um marinheiro de nome Sebastián Orarte acabou esfaqueado. Seu corpo, após breve cerimônia, foi baixado ao mar. O culpado foi posto a ferros e depois libertado, quando ficou claro que apenas se defendera. Dois dias depois um grumete, um rapazinho de 14 anos conhecido como Guillén Irés (não sabíamos se era seu nome verdadeiro, mas duvidávamos; provavelmente fugira de casa para embarcar) caiu da popa da *Concepción* e se afogou nas águas geladas.

Nem mesmo sob a chuva mais fustigante ou entre as ondas mais violentas, Magalhães se decidia a deixar por um instante sequer o convés da *Trinidad*, com os olhos vermelhos como brasa, a barba e o cabelo encharcados, a roupa pingando. Imprecando, dando ordens, agitando-se, parecia um demônio em luta com os elementos. A simples ideia de aproximar-se dele ou de desobedecer a um comando seu era inconcebível.

A 47 graus de latitude sul, sulcando um mar cada vez mais escuro e esverdeado, encontramos duas ilhas cheias de gordos gansos pretos, que hoje chamam de pinguins, se não me engano, e que fugiram assim que nos avistaram, porém não muito ligeiros. Além deles, havia muitos lobos-marinhos, de cores diversas e grandes como bezerros, com pequenas orelhas redondas e grandes dentes; seriam ferocíssimos se tivessem patas próprias para correr e não só míseros pés com garras pequenas grudados no tronco.

Em uma hora fizemos uma grande carga de ambos em cada navio. Aqueles gansos pretos não sabiam voar e viviam de peixes. Tinham bico semelhante ao dos corvos e eram tão gordos que era preciso esfolá-los em vez de depená-los.

– Não vais provar? – perguntei uma noite a Pigafetta, que estava de canto com a cara amarrada.

– Não me dá apetite quando olho para eles.

Tinha uma expressão tão cheia de nojo que me deu vontade de rir.

– Pois são saborosos, podes acreditar. Pega um pedacinho – disse, estendendo metade de uma asa tostada.

– Não, obrigado – disse ele, com um jeito cada vez mais enojado. – Hoje estou com náusea; não acho que vá mandar mais nada para o estômago.

– Será que não é pela escovadela que o comandante te deu?

– Já estava sentindo antes. Deve ser pelo vento que me entrou nas orelhas o dia todo. Acontece-me com frequência.

– Da próxima vez amarra um lenço na cabeça, cobrindo os tímpanos. Vais ver como ficas melhor.

– Farei isso. Mas diz-me... – Olhou em volta por um momento, para ver se podia falar livremente, depois continuou: – Crês que o comandante saiba o que está fazendo?

– A esta altura, creio que não.

– O que te faz pensar isso?

– Os muitos sinais. Não vês que vagamos às cegas? Certamente em seus mapas estava traçada uma rota que se revelou equivocada. E agora está procurando uma saída. Mas dificilmente a encontrará. Hoje joguei-lhe isso na cara com todas as letras. Não sei de onde tirei coragem, talvez do cansaço. Alguém tinha que lhe abrir os olhos. Sabes como reagiu?

– Não me digas.

– Nada. Absolutamente nada. Permaneceu mudo com uns olhões de dar medo. Deu-me um frio na espinha.

– Toma cuidado. Podia custar-te caro.

– Medi as palavras, falando com respeito. Mas sem muitos rodeios. Disse-lhe que erra em persistir. Tem nas costas a responsabilidade por muitos homens, que ainda acreditam nele. "Nestes navios, as pessoas que têm fé em mim podem-se contar nos dedos de uma mão", ele retrucou. Mas com um fio de voz, e como se falasse consigo mesmo, que até fiquei assustado. "Não importa", ele continuou. "A única culpa que tenho é a de ser português e de linhagem não à altura de *certas* pessoas: uma dupla culpa que não me pode ser perdoada." "Não aja assim", experimentei dizer. Mas ele balançou a cabeça e se foi ainda mais carrancudo que antes.

– Situação difícil – foi o lacônico comentário de Pigafetta. – Mas mudemos de assunto. Fala-me dessas ilhas que chamam de

Molucas, e que todos pintam como um sonho. Já estiveste lá, ou estou enganado?

– Dir-te-ei o que me lembro. Passei um tempo lá uns dez anos atrás. Numa das maiores, chamada Ternate. O que se diz é verdade. É um verdadeiro bálsamo, cheia de bem-aventuranças. Os nativos, quando lá estive, ainda não tinham entrado em contato com os mouros, que aonde chegam levam o espírito beligerante, e andavam pela ilha nus e sem preocupações, providos de tudo. As outras ilhas que me lembro de ter visto com estes olhos são Banda, Amboina, Tidore, Gilolo, Bacan. Todas ilhas abençoadas. Cravo, noz-moscada e ouro à vontade. E precisavas ver a beleza das mulheres, e a acolhida que reservam aos forasteiros. Lá, eu experimentei, podia-se viver como Ulisses entre os braços de Calipso... Mas, no fim das contas, mais cedo ou mais tarde cansa-se até do paraíso.

Na realidade nunca tinha estado lá.

– E agora vai te limpar – disse eu então. – Estás com ranho no nariz igual a uma criança.

Pigafetta pousou a mão no meu ombro e se levantou, despediu-se com um gesto plácido e se foi com aquele seu andar mole.

Em alguns pontos, nos dias seguintes, avistamos selvagens altos e magros como varetas e vestidos de peles, os quais, vendo-nos, desapareceram num piscar de olhos. Enviamos um bote e procuramos em vão suas habitações na mata fechada para trocar mercadorias e talvez capturar um deles.

Prosseguimos mudos e obstinados até 49 graus na direção antártica, sempre explorando, com a sonda à mão. A algumas dessas enseadas atribuímos nomes em memória da nossa passagem: *Bahia de los Patos*, pela presença daqueles gansos pretos aos milhares; Bahia de los Trabajos, pela dificuldade que tivemos para sair dela em razão de uma tempestade.

Muitas vezes enviávamos botes à terra em busca de água e caça, mas tudo o que traziam eram carcaças de lobos-marinhos mortos com o arcabuz ou com o machado.

Muitos sentiam saudades dos céus azuis do Brasil e de suas comodidades, e diziam-no de modo que os outros escutassem. À nossa volta, tudo era fosco e insólito: o céu, as falésias, o mar, o silêncio. E cada vez mais curtos os dias e longas as noites. Para não falar dos ventos gelados que varriam o convés, a tolda, os castelos, além da neve e do granizo. Mais que tudo, temíamos os *pamperos*, rajadas de vento repentinas que nos faziam perder a rota e deixavam confusas as bússolas, às vezes danificando as enxárcias e rasgando as velas. Enquanto isso, o frio crescia e o inverno austral avançava. E, no entanto, tudo aquilo não era de todo desprovido de uma beleza especial, que a poucos é dado captar.

Chegamos a 49 graus de latitude. Ninguém jamais estivera ali. A tripulação estava desanimada e circulavam boatos terríveis; não era difícil perceber que as coisas não andavam no rumo certo e que o comandante perdera o controle. Em seus mapas, em seus cálculos, alguma coisa não batia. Reduzira-se a um vagar às cegas – era o que quase todos pensavam. E eu tinha sido um dos primeiros a lhe apontar isso.

– Aquele coxo maldito! – Era o insulto recorrente dirigido a ele, quando não podia ouvir.

De resto, fazia de tudo para ser odiado, embora o ódio à distância possa se transformar numa forma de dedicação. Devia saber disso. Tinha o hábito de surgir do nada às nossas costas e colocar-nos em alerta com sua vozinha pungente, tocando-nos entre as escápulas com a inseparável bengala.

– Presta atenção, estou de olho em ti. Outro erro e ponho-te a ferros.

Às vezes tratava-se de advertências quase bonachonas, às quais recorria para manter-nos atentos:

– Cuidado, rapaz. Já vi perderem um olho com uma manobra dessas. – Ou então: – A falta de cuidado será tua ruína, marinheiro.

Parecia nunca perder ninguém de vista, como se tivesse cem olhos, e mesmo quando pensávamos que estivesse em outro lugar.

Quando eu o via aproximando-se com aquela bengala de coxo, o impulso era me encolher à espera do golpe ou fugir correndo. Mas nem uma nem outra seriam condutas dignas de um homem do mar.

Havia dias que o sol ficava cada vez mais pálido e o ar cheirava a neve. O mar esfumaçava, agitado. O vento feria o rosto, de tão cortante. As mãos congelavam, era difícil manejar as amarras e as velas, a respiração saía gelada. Prosseguiríamos assim até o Polo Antártico? Ninguém estava preparado para isso, e ninguém queria.

Tinham-nos prometido o calor e as riquezas das Molucas, e encontrávamo-nos com o inútil gelo polar nas mãos. Um gelo que comia nossos pulmões.

Os capitães espanhóis, diante do descontentamento das tripulações, tinham-se fechado num mutismo suspeito. Estavam visivelmente satisfeitos com o rumo dos acontecimentos, e esperavam o momento propício para agir, já que na verdade estávamos reduzidos a vagar, rezando para que se realizasse um milagre. Nenhuma quilha de nau europeia avançara tão ao sul. Talvez os lendários *vikings*, quem saberia dizer?

Uma semana depois os capitães recomeçaram a falar abertamente em se rebelar, na presença dos grumetes que serviam a refeição, sem se preocuparem se eram ouvidos.

– Morreremos de fome e de frio se não se tomarem providências – admoestava padre Calmette, incitando os capitães à revolta e instigando os marinheiros no confessionário.

– A passagem não existe! – dizia a todos. Quesada e Mendoza eram os mais prontos a lhe dar razão.

Murmúrios, caras fechadas, comentários mordazes: entre os tripulantes, ficava cada vez mais forte a voz de quem se propunha a girar a proa e voltar para o norte, para a tépida Baía de Santa Luzia, à espera da primavera. Mas o almirante não queria nem ouvir falar nisso. Acaso tínhamos esquecido a história do cacique? Além disso, se recuasse perderia o brio e admitiria a derrota, isso era claro. Teria de confessar que seus cálculos estavam errados. Quem o respeitaria depois disso? Quem aceitaria seu comando e acataria suas ordens, depois de tal confissão?

Era um homem de manter o leme da vontade sempre reto à sua frente. E então eis que de novo se manifesta toda a força de seu caráter, e toma uma decisão surpreendente. Em 31 de março, depois de entrarmos numa grande baía protegida por um promontório, com nascentes de água doce e peixes em abundância, que recorrendo ao calendário batizamos de San Julián, ordenou que baixássemos as âncoras. Invernaríamos ali por cinco meses, fez-nos saber, pelo menos até agosto. Ali, naquelas águas geladas, cercados por terras inexploradas e aparentemente inóspitas, com vegetação rala e pouca caça. E a despeito das queixas da tripulação, ciente do que nos esperava, determinou um novo racionamento de víveres. Em especial de água e vinho, o que indispôs não poucos de nós. Os marinheiros deveriam consumir o mínimo possível as reservas (não mais que meia ração por cabeça) e completar com pesca e caça (mas, como disse, não havia muito o que caçar). Como era previsível, a decisão contribuiu para abater os ânimos e atiçar a brasa da rebelião que havia tempos já ardia. O que mais irritava os capitães era sua recusa em consultar-se com eles, ainda que fossem homens do mar experientes. Tudo isso era interpretado, com ou sem razão, como falta de respeito.

Oito meses tinham-se passado desde a partida e parecia que não nos aproximáramos nem um palmo do nosso objetivo.

Uma manhã, talvez preocupado com os rumores que circulavam sobre uma revolta iminente, Magalhães tomou a decisão de transferir-me para a *San Antonio*, como piloto de seu primo Mesquita. Eu tinha notado que começava a olhar-me com suspeita, talvez com uma ponta de rancor, pois devia ter-lhe dado a impressão de não nutrir mais a confiança de antes. E não estava enganado. Pigafetta ficou muito entristecido com minha transferência, mas prometeu visitar-me sempre que pudesse.

Nos dias seguintes, Magalhães fez outros deslocamentos, cuidando para que em cada navio não faltassem homens leais a ele, ou pelo menos não de todo hostis. Pretendia continuar comandando a expedição com pulso firme.

Um dia, pouco depois das três da tarde, Pigafetta apareceu com o rosto branco como cera.

— Esta noite alguém tentou me matar — disse. Sua voz tremia.

— Estás brincando? — perguntei.

— Nunca falei tão sério — disse ele, quase ofendido. — Salvei-me por milagre.

— E pode-se saber quem foi?

— Não tenho ideia — e abriu os braços.

— Como?

— Estava escuro — respondeu, com voz tensa. — Tarde da noite eu acordei e saí para urinar. Nunca me acontece de sentir necessidade à noite. Nem mesmo quando bebo. Estava voltando para o meu camarote quando parei de repente, ao ver uma sombra escapando furtivamente. Tinha uma faca na mão. Foi só o que consegui distinguir. Escondi-me atrás de um barril e esperei que fosse embora. E é tudo.

— Jesus! Falaste com o comandante?

— Claro. Encarregou Espinosa de esclarecer o assunto. Mas acho que vai descobrir bem pouco. Não encontrará ninguém disposto a falar, vais ver.

— Também receio que não.

— E não é só isso.

— O que mais? — perguntei, preparando-me para o pior.

— Não fui o único alvo.

— E quem mais?

Se queria me assustar, estava conseguindo.

— Henrique, ao que parece.

— Ah — disse, dando um soco na palma da mão. — Agora está explicado por que faz dias que não dá as caras.

– Ele tem a incumbência de provar a comida destinada ao comandante, por isso acabou sendo ele atingido pelo veneno. Felizmente em pequenas doses. Nunca experimenta mais que uma mordida. Além disso, o efeito se manifestou só no dia seguinte.

– Então como o comandante conseguiu se salvar?

– Pura sorte. Aquela noite estava com uma tremenda dor de estômago, por isso não tocou em nada.

– E Henrique, como está?

– Recuperando-se. Tem um porte físico excepcional.

– E o comandante? O que está pensando em fazer?

– O que mais além de ficar de olhos abertos? Disse-me para colocar-te de sobreaviso também. Acredita que serás o próximo.

– Estás me deixando com medo. Tudo bem, vou ficar atento. Embora não veja como.

– Devemos ficar de olhos abertos, só isso. Agora me despeço, tenho coisas a fazer. Vemo-nos hoje à noite, depois do jantar, certo?

– Mas é claro.

Deu uma piscadela e se foi, deixando-me num estado de profunda perturbação.

TODO ESCRITO MENTE UM POUCO, e este não é exceção. Muitas coisas que acreditamos descrever, na realidade as criamos conforme as descrevemos. Contudo, não desistirei de minha promessa, convencido como estou de que no fundo as palavras sejam a marca das coisas, se não exatamente as coisas em si.

No domingo de Páscoa, Magalhães fez um gesto totalmente inesperado: enviou um barco às outras naus convidando os capitães a comparecer à missa na almiranta e a tomar parte no banquete por ele oferecido, na ocasião insolitamente farto: pratos cheios de queijo, mel, arroz, lentilhas, feijão, uva-passa, frutas cristalizadas e geleias marcavam presença na mesa suntuosa. Era o tipo de homem que preferia de longe o pão molhado no azeite a mil iguarias, mas com aquela ostentação propunha-se a dar um primeiro passo para reconquistar a simpatia dos capitães, creio eu. Com exceção de Mesquita e Serrão, ninguém apareceu, de modo que o comandante teve de cear com menos da metade dos convidados, e muitos lugares vazios. Um vazio muito eloquente.

Em sua honra deve-se dizer que pareceu receber o golpe com elegância. Não se lamentou nem criou caso. Consumiu a refeição festiva em nossa companhia sem perder em nenhum momento o bom humor. Um comportamento incomum, e portanto suspeito. Quem aprendera a conhecê-lo sabia que ardia fogo sob as cinzas. E de fato retirou-se para seus aposentos antes de todo mundo, alegando umas dores nas costas das quais jamais se queixara. Antes de ir, quis ser atualizado por Espinosa em relação às investigações que lhe confiara. Este, porém, como era de prever, respondeu com o rosto vermelho que não tivera nenhum avanço. Para livrá-lo do constrangimento, Magalhães mudou de assunto, elogiando os vinhos servidos durante o almoço; depois levantou-se abruptamente e se retirou. Deixados sozinhos, a tensão diminuiu um pouco. De minha parte, estava feliz de constatar que Henrique parecia ter-se recuperado completamente. Sem ele as coisas não seriam mais as mesmas – assim eu pensava naquele momento.

Ficamos à mesa até quase três horas. Nas outras naus, estava tudo em silêncio. Era possível entrever suas silhuetas através da névoa na baía, à distância de um tiro de arcabuz, imóveis como gigantescos animais marinhos.

Depois cada um voltou aos próprios afazeres.

Não podíamos imaginar que tarde da noite um bote, com os toletes[19] forrados com pedaços de pano, deixaria a *Concepción* com trinta homens bem armados a bordo, liderados por Quesada, Cartagena, Mendoza, De Coca e padre Calmette; remaria rápido e silencioso e se aproximaria do costado da *San Antonio* com intenções nada amigáveis. Nenhuma sentinela estava vigiando, dada a ausência de perigos externos. Os trinta homens escalaram rapidamente a escada de corda e subiram a bordo, de armas em punho. Juan de Cartagena e Antonio de Coca conheciam bem o navio, e mesmo no escuro era fácil para eles se orientar. Os invasores se espalharam sob as ordens do primeiro, alguns se dirigindo à popa, outros à proa, outros ainda na direção do porão. Os demais

---

[19] Tolete: haste na borda da embarcação para servir de apoio ao remo para a remada. [N.T.]

foram até a câmara onde dormia o comandante Mesquita. Nesse momento toparam com o tenente Elorriaga, que exclamou:

– O que estão fazendo aqui?

Mas não pôde prosseguir. Saltaram em dois para cima dele, tapando-lhe a boca com as mãos, enquanto a faca de Quesada atingia-o no pescoço e depois afundava outras cinco vezes em seu corpanzil. Seguraram-no com força para que caísse devagar, sem fazer barulho. Em seguida, De Coca, Cartagena e outros dois invadiram a câmara do comandante. Agarraram-no, colocando-lhe uma faca no pescoço, amarraram-no com cordas grossas e trancaram-no no camarote do escrivão, um tal Jerónimo Guerra, cúmplice deles.

Acordado pelo barulho de um baque na água, levantei-me e saí ao convés para dar uma olhada. Vi sombras se movendo.

– O que está acontecendo? – disse, contendo um bocejo e tentando arregalar os olhos para distinguir a quem pertenciam as silhuetas.

Uma delas passou na minha frente. Reconheci-a. O rosto pálido, desfigurado pela tristeza e por um princípio de putrefação.

– Tem cuidado, meu filho – disse. – Porque esta noite morrerás.

– Mãe! – gritei. – Até aqui!

Estendi os braços para segurá-la, mas imediatamente desapareceu, dissolvendo-se como névoa e deixando-me numa agitação terrível com aquelas palavras.

De repente outras figuras emergiram das sombras. Iluminados por uma tocha, vi diante de mim, como máscaras selvagens, os rostos sinistros de Quesada e Cartagena. Vieram ao meu encontro sacando as facas.

– Com quem estavas falando? – perguntou o segundo.

– Com ninguém.

– Ouvimos um grito teu.

– Tropecei.

Cartagena olhou-me desconfiado.

– Chegou a hora de escolheres de uma vez por todas de que lado ficar – disse Quesada.

Hesitei antes de responder. Não se passa para o lado do inimigo com tanta precipitação; compreendia, porém, que se recuasse não hesitariam em me matar. Muitos me consideravam um homem de Magalhães, não sem razão. Mas eu não via as coisas bem assim.

– Estou do lado de quem se mostra razoável – disse. – O almirante parece ter perdido o juízo e ameaça levar-nos à ruína. Não tenho laços de sangue nem outros vínculos que me façam sentir-me preso a ele.

– Bem – disseram, trocando um sorrisinho de entendimento.

E assim se consumou minha traição. A primeira.

– Continuarás sendo piloto de De Coca – disse Quesada. – Entendido?

– Para mim está bem.

– E agora segue-nos e trata de ser útil. Precisamos entender para que lado está pendendo a tripulação.

– Antes de tudo precisamos cuidar dos portugueses que se encontram a bordo – disse Cartagena. – Sabes onde estão alojados?

– Venham comigo.

Conduzi-os aos aposentos dos portugueses, que ficavam um depois do outro, no lado da popa.

Logo o navio foi conquistado. Os homens da tripulação, conforme se levantavam de seus colchões de palha e saíam um a um dos alojamentos, meio tontos de sono, eram reunidos no convés, perto da proa. Alguns resmungavam. Não foi necessário recorrer à força, mostrando-se todos mansos e resignados, e sobretudo prontos a aceitar a nova ordem das coisas: a quem coubesse comandá-los parecia uma questão já sem importância aos olhos deles. Ainda que vários mostrassem caras contrariadas, sobretudo por falta de estima pelos amotinados.

Quesada fez um discursinho para tentar conquistar seu apoio:

– Em nome do rei, assumo o comando da frota. A partir deste momento, o racionamento de víveres está suspenso. Aliás, ração dupla para todos por dois dias. Amanhã de manhã pegaremos imediatamente a rota rumo a Santa Luzia para passar o inverno em clima quente.

Essas palavras, porém, não surtiram efeito. Quesada viu apenas expressões vazias diante de si, o que o deixou assustado.

Depois de capturar os seis portugueses a bordo, com o rosto tenso, deu ordem para prendê-los no porão.

Restava um problema.

– O aguazil-mor se fechou no arsenal e recusa-se a abrir sem a senha – veio-nos relatar Cartagena, enfurecido. – Precisamos daquelas armas!

De repente plantou os olhos em cima de mim, com uma expressão diabólica que não deixava esperar nada de bom.

– Sabes de algo? – rosnou.

– De quê?

– Idiota, estou te perguntando a senha.

– Ei, vamos devagar com as ofensas – disse.

Ele veio para cima de mim e agarrou-me pelo colarinho com a mão esquerda enquanto erguia a outra, pronto para me bater.

– Estou do vosso lado, esqueceu?

– Então fala, por Deus, antes que eu perca a paciência!

– Tenho a impressão de que já a perdeu, senhor – disse com calma e um sorrisinho de desafio.

– Presta atenção! – disse ele, inflando o peito e apertando ainda mais o punho.

– Já chega – interveio Quesada, dando um passo à frente e segurando a mão de Cartagena. – Juan, precisas te acalmar. O rapaz já deu prova de ser dos nossos. Não é preciso tratá-lo assim.

Cartagena deu um passo para trás e pareceu murchar na mesma hora. Era um sujeito de uma inconstância impressionante.

– Então, Elcano. Sabes ou não essa senha? – perguntou Quesada, mais brusco do que gostaria.

— Estava para dizê-la.

— Então vamos.

Aproximei-me e murmurei-a no ouvido dele.

Quesada, satisfeito, chamou Mendoza de lado e confabulou com ele por alguns instantes. Depois voltou a nós.

— Está tudo acertado – disse. – Cada um ao seu posto. Armem os canhões. A reação daquele porco não vai demorar, assim que descobrir o ocorrido.

— Nós conhecemos bem o Porco – acrescentou Cartagena, com uma careta. – Vamos nos preparar para recebê-lo com todas as honras. E, como somos cavalheiros, vamos lhe oferecer a possibilidade de se salvar, não é, Gaspar?

O outro assentiu, mas sem entusiasmo.

— Se tiver a cabeça no lugar, aceitará negociar.

— Não depois que souber do assassinato do tenente – observei.

— E quem vai contar a ele? – intrometeu-se padre Calmette. – Mas sim, talvez seja cabeça-dura demais para aceitar um acordo. Pior para ele! Como estão as coisas, não pode fazer nada. São três naus contra duas, das quais uma, a *Santiago*, tem armamentos leves e poucos tripulantes. Vamos deixá-lo em pedaços. Que venha!

— O que a Rainha diz é verdade – disse De Coca –, mas não esqueçam que aquele bestalhão é capaz de tudo. Não vamos cometer o erro de subestimá-lo.

— Não vamos – disse Quesada, soltando um peido terrível, que fez mais de um rosto se contrair.

— E quando o tivermos nas mãos – disse Cartagena, como se acabasse de reemergir de um turbilhão de pensamentos –, proponho confiá-lo aos cuidados de Elcano. Hein, *Perro?* Diz, o que farias com ele, se pudesses? Eu, para começar, enfiaria um bastão no rabo dele. Mas tu poderias era lhe dar uma bela mordida na panturrilha, e quem sabe saltar na garganta dele. Não é, *Perro?*

— Já chega, Juan, não é hora disso – disse Quesada.

— Deixa-me brincar um pouco com esse sonso.

– Acho que formou uma opinião equivocada sobre a minha pessoa, senhor – disse eu, fitando-o bem nos olhos.

– Então prova. Quando capturarmos Magalhães, se decidirmos matá-lo, deixaremos para ti a honra. O que dizes?

– Por que não?

– Ouviu, Gaspar? Ele que vai dar um jeito naquele porco.

– Repito: nenhum problema – afirmei com voz segura.

– Muito bem – fez Cartagena. – Veremos em breve.

– Se não houver mais nada – disse, já tendo aguentado o bastante –, peço licença. Precisamos ficar prontos.

– Santas palavras – disse Quesada, lançando um olhar de reprovação para Cartagena. – E agora vamos ao trabalho.

Retomando o comando do navio, De Coca transmitiu à tripulação as ordens necessárias e dividiu as tarefas com base na nova situação. Quesada, Cartagena e Mendoza retornaram a seus navios para se prepararem para a luta.

Ao ficar sozinho, dei-me conta de uma palpitação anormal no peito, que me atormentava. "Não há motivo para me sentir culpado", disse a mim mesmo. "Aquele homem precisava ser contido." Mas não funcionou. Também sentia uma dor na cabeça. Latejava, como se uma veia tivesse estourado. O mundo balançava. A dor se acentuava ainda mais pela desolação que nos cercava e pelo futuro incerto que se descortinava à nossa frente. Acho que desabei. Acordei no meu beliche, sem me lembrar de nada. Levantei-me e fui cambaleando até o convés. Tive a impressão de me encontrar num navio fantasma. Não se via vivalma. O que estava acontecendo?

Enquanto me inclinava do pavês de bombordo, senti uma mão pousar no meu ombro.

– Nada ainda?

Virei-me. Era De Coca. Um dos poucos com quem não antipatizava, apesar de seus modos aristocráticos.

– O que aconteceu comigo?

— Desmaiaste e te carregamos para o teu alojamento.

— Não se sabe de nada? – perguntei.

— Nada.

— Não gosto disso – murmurei.

— Nem eu. Aquilo é um demônio.

— Pode acreditar. Estou com um péssimo pressentimento.

— Eu também.

— O que vamos fazer?

— O que achas? Atrás não se pode voltar.

Assenti.

— Eras um dos dele – disse De Coca. – E também aquele italiano, Pigafetta... Pelo menos era o que pensávamos. Estávamos prontos para tudo, podes acreditar... Melhor assim.

Naquele exato instante, ficou tudo claro para mim: agora sabia quem tinha atentado contra a vida do meu amigo. E a de Henrique. Ou pelo menos conhecia os mandantes e o motivo...

— Prepara-te. A dança vai começar – acrescentou De Coca.

— Estou pronto – disse. Mas não estava nem um pouco.

Erguera-se uma neblina fria e amarelada. Os vigias de Magalhães, aparentemente, nada tinham notado.

Porém, logo um bote foi descido da *Trinidad* ao mar. Os dois marinheiros a bordo, que iriam à terra firme para fazer provisão de água doce e lenha, rumaram para a *San Antonio*, de onde outros dois marinheiros deveriam descer para completar a expedição. Assim que se acostaram, porém, perceberam que a escadinha fora retirada e era impossível subir. Começaram a gritar:

— Ei, pessoal a bordo!

Imediatamente, a resposta inesperada:

— Neste navio não se aceitam mais ordens de Magalhães. Agora quem comanda são o capitão De Coca e o novo almirante Gaspar de Quesada.

Os dois arregalaram os olhos. Giraram o bote e retornaram depressa à *Trinidad*.

Se fecho os olhos e tento imaginar a reação de Magalhães, acho que consigo vê-la. Nem uma ruga de preocupação. Calma na superfície. Mas por dentro um tumulto.

Eu era o único a temer sua vingança da maneira como se teme um evento inexorável e quase sobrenatural. Não conseguia evitar balançar a cabeça ao ver o quanto os outros se mostravam confiantes e até desdenhosos.

Durante toda a manhã, Magalhães, vimo-lo bem, mandou seus emissários aos navios para verificar com quem podia contar. Resultado: somente a pequena *Santiago* ainda estava do seu lado. Para qualquer outro, o jogo estaria perdido. Mas não para ele. Fiz de tudo para pôr o restante da tripulação de sobreaviso, mas acharam que estava exagerando. Percebi que, se insistisse, ficaria suspeito. Resignei-me.

No meio da manhã, os capitães espanhóis se reuniram em conselho na *Concepción*, que se encontrava ancorada a uma distância segura da *Trinidad*, e decidiram enviar uma petição a Magalhães. Não queriam voltar à pátria com a marca da infâmia e o selo de traidores. A única saída era trazê-lo à razão e persuadi-lo a virar as velas na direção do Brasil. Só nesse caso aceitariam novamente receber ordens dele. Na petição, num estilo empolado do mais sorrateiro, lamentavam o mau tratamento recebido naqueles oito meses de navegação, as humilhações sofridas, o fato de as decisões jamais terem sido compartilhadas e de o almirante ter-se obstinado naquela rota; e, por fim, a escolha de permanecer numa baía tão remota com o inverno batendo à porta. Jamais fora intenção deles chegar a tal ponto, afirmavam, mas tinham sido forçados, e não viam a hora de voltar a servi-lo como e melhor do que antes.

"Nosso único desejo", concluía a carta, "é sermos tratados com mais dignidade enquanto oficiais de Sua Majestade, sermos consultados toda vez que uma decisão importante tiver de ser tomada. É nosso dever defender as naus e as tripulações que o rei nos confiou.

Se Vossa Excelência quiser aceitar nosso pedido, ficaremos felizes em segui-lo com obediência e respeito. Asseguramos que não foi feito mal algum ao capitão Mesquita. Se confiamos o comando da *San Antonio* de volta a De Coca foi apenas com o escopo de defender os interesses de nosso rei".

Dos navios, procurávamos entender o que estava acontecendo na *Trinidad*. Mas tudo parecia estranhamente tranquilo. Uma calma anormal.

Estávamos alerta. Canhões, bombardas e arcabuzes prontos para abrir fogo. Sabíamos o quanto Magalhães podia mostrar-se temerário, embora nunca totalmente irrefletido. Meus maus pressentimentos pareceram se confirmar quando constatamos que ele requisitara nosso bote e aprisionara os três homens que tinham levado a petição.

Meia hora depois vimos aquele mesmo bote movimentar-se, tripulado por três homens, entre eles o aguazil-mor, e dirigir-se para a *Victoria*.

Aproximaram-se do flanco de estibordo e Espinosa anunciou ter uma carta de Magalhães para o capitão Mendoza. Deixaram que subisse a bordo junto com um dos homens que o acompanhavam. Chegando à presença do capitão, entregou-lhe a carta. Mendoza a abriu com uma carranca. Percebemos logo que não estava gostando nem um pouco do conteúdo.

Magalhães o convidava a apresentar-se à almiranta para negociar. Mas com que palavras! O capitão não conseguiu mais se conter diante da arrogância que transbordava da carta:

— Acha que sou um idiota, então. Nem sonhando que vou tratar contigo, caro ex-almirante! — e começou a gargalhar com escárnio.

Porém o riso desapareceu num instante. Levou as mãos ao pescoço: o sangue jorrava copiosamente. Deixou cair a carta e olhou para Espinosa, que o observava com um sorriso de desprezo, segurando na mão esquerda o punhal com o qual lhe cortara a carótida. Caiu no chão.

Ouviu-se um alvoroço infernal: do lado oposto outro bote se acostara e descarregara para a *Victoria* quinze homens armados, que pegaram de surpresa a tripulação, ainda atônita com o que acontecera a Mendoza. Em poucos instantes Barbosa e Henrique, liderando os invasores, assumiram o controle da situação, retomando o comando da embarcação.

Transmitiram-se novas ordens e redistribuíram-se as funções entre os novos senhores do navio, depois de se certificarem da lealdade da tripulação, que pareceu curvar-se à obediência de muito bom grado. Levantaram-se as âncoras e abriram-se as velas de gávea. Lentamente a *Victoria* se moveu em direção à *Trinidad*, colocando-se em posição tal que fechava, junto com esta última e a *Santiago*, a saída da baía.

A situação se revertera em poucas horas.

Gaspar de Quesada, no convés da *Concepción*, fortemente armado, tentou incitar seus homens a se prepararem para a batalha, porém sem sucesso: ninguém mais estava disposto a se opor ao capitão-general.

Pouco depois, um grupo de homens de Magalhães subiu a bordo da *San Antonio* e da *Concepción*, retomando o controle sem encontrar resistência.

Alguns minutos mais tarde foi o próprio Magalhães a pôr os pés na *San Antonio*.

Meu olhar cruzou-se com o dele. Ainda não sabia que papel eu tivera naquela história, mas o fato de não me encontrar a ferros deixou-o desconfiado.

Ordenou que os capitães espanhóis fossem aprisionados no porão, depois voltou-se para mim:

– Elcano, mais tarde conversaremos. Saiba que será realizada uma investigação. Os responsáveis por esse motim pagarão com a vida.

Não respondi, mas também não abaixei o olhar. Seria como confessar.

– Até lá, o senhor e os outros oficiais dos navios rebeldes devem considerar-se presos em seus camarotes. Um guarda armado os vigiará.

Pigafetta, que ficara o tempo todo ao lado dele, veio ao meu encontro e fitou-me com um ar contrito.

– Tenho certeza de que não tens culpa – disse com um fio de voz.

– Se estás dizendo – respondi friamente.

Balançou a cabeça e virou-se para o outro lado. Depois voltou a olhar para mim.

– Foi por força das circunstâncias – insistiu.

– Veremos – foi minha resposta, enquanto me levavam.

Nos dias seguintes, o convés da *Trinidad* foi convertido em tribunal, com banco dos jurados (presidido por Mesquita), banco dos réus e tudo mais. Aos 6 de abril, em meio àquela paisagem absurda, desenrolou-se um processo com tudo que tinha direito, como se estivéssemos em Sevilha. Escrivão (um tal Martín Méndez), testemunhas, interrogatórios, atas. Tudo conforme as regras do processo penal especial.

Logo ficou claro que Magalhães tinha a intenção de não se exceder. Não podia, é claro, condenar à morte metade da tripulação, ainda mais àquela distância de casa e com a viagem ainda a levar a cabo. Foi isso, acredito, que o fez assumir uma conduta marcada pela indulgência.

Ao final de um debate interminável, eis que Mesquita profere a sentença:

– Gaspar de Quesada, em pé.

O intimado se levantou quase em convulsão, mal se aguentando nas pernas. Seus cabelos tinham sido completamente raspados (mau sinal), e vestia apenas um camisão e calças leves de seda.

– Pelo poder que me foi concedido, ordeno que seja executado.

– Não pode fazer isso – ele começou a gritar, jogando-se no chão em súplica, com as mãos acorrentadas, os olhos cheios de lágrimas.

– Por respeito a sua posição, fica estabelecido que seja poupado da forca – continuou Mesquita. – A morte ocorrerá por decapitação. O corpo será submetido a esquartejamento e pendurado no mastro principal da *Trinidad* de modo a ficar exposto às intempéries por dois dias; depois disso, as adriças serão esticadas e será desmembrado. Seus restos serão sepultados em terra, juntamente com os de Mendoza. Não merecem a sepultura no mar.

Quesada ficara branco como um lençol e no instante seguinte desmaiou. Um boticário tentou reanimá-lo, mas sem sucesso.

– Luís de Molino, fique em pé – continuou o presidente da corte.

O pajem de Quesada foi levantado e segurado em pé à força, pois mal se aguentava nas pernas.

– O senhor tomou parte no motim ao lado de seu senhor e é considerado culpado. Todavia, sua vida será poupada se aceitar executar a sentença proferida contra seu mestre.

Com lágrimas nos olhos, Molino desabou na cadeira, escondendo o rosto nas mãos; logo depois, voltando a fitar Mesquita, começou a suplicar que lhe fosse poupada tamanha atrocidade; ao final, porém, para salvar a própria vida, resignou-se.

– Quanto a Dom Cartagena e ao padre Calmette, que durante a revolta se mostrou entre os mais inflamados, esta corte decreta que, assim que a frota soltar as amarras, ou mesmo antes, a critério do almirante, estes sejam abandonados na praia de *San Julián* com um pequeno suprimento de víveres e vinho, de modo que sua sorte seja decidida por Deus.

Dei uma olhada para Cartagena, presunçoso e senhor de si mesmo naquela circunstância, apesar das correntes e da sorte que o aguardava. Já padre Calmette parecia furioso, quase histérico e meio fora de si, com os olhos injetados de sangue, os cabelos eriçados e os punhos roxos de tanto apertar. No entanto, suas únicas palavras foram:

– Que Deus os amaldiçoe. – Em seguida, apesar das mãos acorrentadas, conseguiu abrir o breviário e começou a ler em voz baixa um salmo.

– Os demais acusados, cujos nomes lerei agora – concluiu Mesquita, certamente instruído de antemão por Magalhães –, terão os tornozelos acorrentados e alguns serão destinados aos trabalhos mais pesados. Assim a corte decidiu. A audiência está encerrada.

Uma espécie de liberdade vigiada, em suma, com a condição de que déssemos prova de lealdade no restante da viagem.

A sentença capital, especificou o presidente da corte por último, seria executada naquele mesmo dia.

Por alguns momentos caiu o silêncio no navio; depois houve relâmpagos e trovões em rápida sucessão. Por fim, desabou um temporal que obrigou todos a procurar abrigo sob o convés e impediu que se desse imediata execução à sentença, que foi adiada para o dia seguinte.

10

NA MANHÃ SEGUINTE, tudo ocorreu conforme previsto. Enquanto o corpo esquartejado de Mendoza pendia do mastro da *Victoria*, emitindo chiados sinistros e já bicado pelos pássaros, a cabeça de Quesada rolou no cesto e seu cadáver foi levado, carregado por quatro marinheiros.

Dois dias depois, Cartagena e o sacerdote foram conduzidos até a praia e ali depositados à força.

Um espetáculo penoso, ao qual poucos tiveram coragem de assistir.

Magalhães vencera em todas as frentes. Acima de tudo, mostrara todo o esplendor de sua magnanimidade concedendo o perdão à grande massa dos rebeldes, muitos dos quais, merecia ser dito, vítimas das circunstâncias.

Quanto a mim, convenceu-se de que não tivera participação significativa na insurgência; contudo, mesmo querendo-me de volta com ele na almiranta, mantinha-me distante.

Elorriaga não tinha morrido na hora. O cirurgião da *Trinidad* tentara curar as feridas, mas aos 21 de maio suas condições tinham-se agravado ainda mais e por fim expirou. O cemitério em que foi sepultado também recebeu, dois dias depois, o cadáver do pequeno Baresa, o grumete sodomizado que, cansado das chacotas, decidira tirar a própria vida jogando-se nas águas geladas da baía.

Uma noite o almirante convocou-me ao painel de popa.

— Não o chamei para voltar à questão do motim, fique tranquilo. Já coloquei uma pedra em cima daquilo pelo bem da expedição. Espero não me arrepender.

E tossiu na mão.

— Pois então? — pressionei-o, para pôr fim à espera.

— Veja, foi-me relatado que um ano atrás o senhor vendeu em Veneza um navio pertencente à Coroa. O senhor confirma isso?

— As coisas não foram bem assim.

— E como foram?

Seu olhar era veladamente irônico.

— Estávamos em Santiago de Cabo Verde. Eu tinha então o comando de uma pequena embarcação. Como o dinheiro para o soldo dos marinheiros tardava a chegar e eles ameaçavam o pior, tive de recorrer a um empréstimo junto a alguns usurários venezianos. Mas depois o dinheiro prometido não veio e não pude restituir a quantia, então me tomaram o navio. Não fui eu que o cedi a eles.

Magalhães ergueu a cabeça, mais sereno, e fungou.

— Pode ir — disse. — E a partir de agora trate de andar na linha. É um rapaz ambicioso e cheio de qualidades. Cuide para não passar dos limites.

— A quem bate forte, abrem-se as portas — respondi, fazendo uma reverência antes de sair.

O céu começava a se desanuviar entre nós, se assim podemos dizer. E no entanto não conseguia me alegrar, considerando a atmosfera a bordo.

Depois de dois meses e meio naquela baía esquecida por Deus, finalmente veio algo para nos animar um pouco.

Na praia, de onde Cartagena e o padre tinham desaparecido havia dias, talvez tentando a sorte no interior daquelas terras ou raptados por alguma tribo de selvagens, vimos aparecer um homem de grande estatura que dançava e cantava despejando areia sobre a cabeça e gesticulando na nossa direção.

Magalhães, que aprendera a entender a linguagem dos selvagens, deu ordem para mandar um bote com cinco homens.

Eu e Pigafetta fomos junto.

Assim que desembarcamos, o homem se aproximou sem temor. Batíamos na sua cintura; olhávamos para ele de baixo para cima como se admira uma sequoia. Conseguimos persuadi-lo a subir no bote e o levamos a bordo da nau capitânia.

Quando o viu diante de si, Magalhães observou-o longamente. Tinha o rosto largo e pintado de vermelho, com círculos amarelos ao redor dos olhos e dois corações cor de ouro nas bochechas. Os cabelos ralos estavam salpicados de um pó branco. Vestia-se com pele de guanaco, um bicho semelhante à lhama. Nos pés, calçava uma espécie de pantufo ou galocha, semelhante às nossas alparcas, feita da mesma pele. Na mão levava um arco curto e robusto, cuja corda era feita das tripas do guanaco, e um punhado de flechas de madeira não muito longas, com uma pena numa ponta e na outra uma ponteira de sílex. As flechas ficavam penduradas num cordão amarrado ao redor da cabeça.

Apontou o céu e as nuvens, dando a entender que acreditava termos descido de lá.

O capitão-general ofereceu-lhe um cesto de biscoitos. Ele o pegou e devorou-os numa bocada. Fiz menção de pegar água com a concha, mas, antecipando meu gesto, ele levantou o balde inteiro e esvaziou-o no estômago.

Mostramos-lhe um espelho de metal. Vendo o próprio rosto refletido, o homem deu um salto para trás, atropelando quatro dos nossos, que acabaram no chão.

Dois marinheiros tiraram de um saco dois ratos vivos, embora meio atordoados, capturados pouco antes no porão, e puseram diante dele.

Estranhamente, o comandante não interveio.

O gigante sorriu, agarrou um pela cauda e enfiou-o inteiro na boca, com pelo e tudo. Mastigou por alguns minutos, satisfeito, depois pegou o segundo e fez o mesmo.

Começamos a gargalhar. Pigafetta estava enojado e tomou a defesa do gigante, mas ninguém lhe deu atenção.

Quando lhe mostramos um chocalho, o selvagem começou a sacudi-lo, empolgando-se com o barulho. Depois lhe demos um pente e um rosário, e com estes o mandamos à terra em companhia de quatro homens armados. Nesse meio tempo, outros como ele tinham aparecido e esperavam temerosos. Eram todos altos e magros como varetas, e entre eles havia inclusive algumas gigantas.

Logo começaram a cantar e dançar, apontando o céu e nos mostrando um pó branco dentro de potes de barro – talvez fosse tudo que tivessem para oferecer. Os marinheiros não quiseram comê-lo e, para não ofendê-los, propuseram levá-lo a bordo da capitânia. Então os gigantes pegaram os arcos e vieram segurando-os, enquanto as mulheres punham os potes nas costas como mulas e seguiam atrás deles.

Mais tarde vieram outros trazendo uma dúzia de guanacos e arrastando as carcaças de uma dezena de lobos-marinhos, que nos deram de presente. Retribuímos com algumas de nossas mercadorias. Também nos explicaram como capturar esses animais: bastava amarrar um filhote a uma árvore como isca e esperar escondidos atrás das árvores; quando um adulto era atraído pelo filhote, eles o abatiam com flechas envenenadas.

Ficaram conosco algumas horas, depois foram embora, sempre mantendo aquele comportamento desconfiado.

Nesse meio tempo havíamos construído uma barraca na praia para os ferreiros, para os consertos e para guardar os equipamentos trazidos dos navios. Seis dias depois, alguns de nós, descendo para buscar lenha, avistamos outro deles, também muito alto e vestido com o mesmo tipo de pele. Carregava um arco e flechas.

Aproximou-se, tocando a cabeça, o rosto e o corpo e depois erguendo as mãos para o céu. O capitão-general enviou imediatamente um bote e mandou trazê-lo a bordo. Parecia até mais alto que os outros, e mais bem-disposto. Ficou muitos dias conosco e aprendeu a dizer Jesus, *Pater Noster* e Ave Maria, e o fazia com uma voz grossa e estrondosa. Então o batizamos com o nome de João Evangelista. O almirante presenteou-o com uma camisa, uma jaqueta, calças de pano, um chapéu, um espelho, um pente e um par de chocalhos. E com isso mandou-o de volta à sua aldeia, esperando assim atrair outros deles. No dia seguinte ele voltou com um grande guanaco e o deu a Magalhães, que lhe pediu para trazer quantos deles pudesse.

Porém não o vimos mais. O capitão-general achou que o tinham matado porque criara confiança demais conosco.

Quinze dias depois vimos avançar pela praia quatro daqueles gigantes. Estavam desarmados, tendo escondido as armas no mato. Tinham uma faixa de algodão em volta da cabeça, na qual geralmente enfiavam as flechas quando iam caçar. Cada um estava pintado de uma forma diferente. Magalhães pôs os olhos nos dois mais jovens e vigorosos e decidiu capturá-los para levá-los à Espanha. Com base nos acordos feitos com a *Casa de Contratación*, devíamos levar não só metais preciosos e especiarias, mas também qualquer novo exemplar de espécie humana com que topássemos. E assim nos preparamos para fazer, mas não parecia uma tarefa fácil. Por isso, Magalhães elaborou um plano.

Descemos em terra em dez, bem armados, com ele à frente. Assim que desembarcamos, os gigantes se aproximaram. Começamos a oferecer presentes aos dois escolhidos até que não pudessem mais mover os braços, por estarem muito carregados. Magalhães mandou levar dois pares de grilhões de ferro e mostrou-os a eles, perguntando com gestos se os queriam também.

Ouvindo o ruído de metal que faziam, os dois fizeram que sim com a cabeça, dando a entender que tinham gostado. Porém, não sendo capazes de carregar mais nada, o almirante mostrou-lhes como podiam levá-los. Colocou um no próprio tornozelo e, sem fechá-lo, começou a dar alguns passos para a frente e para trás, produzindo um tinido que parecia diverti-los. Em seguida pediu permissão para colocá-los neles. Fizeram outra vez que sim com a cabeça, e Magalhães deu ordem para prenderem seus tornozelos. Somente uma vez impedidos de se movimentar que se deram conta do engodo e começaram a bufar e berrar como touros, invocando a ajuda de seu deus:

— *Setebos! Setebos!*

A partir daí, foi fácil derrubá-los e imobilizá-los com cordas robustas.

Os outros dois, aterrorizados, tentaram escapar, mas nove de nós caímos em cima deles, conseguindo amarrar suas mãos com laços fortes. Em seguida, aqueles acorrentados foram arrastados para os navios e os outros, obrigados a nos conduzir ao lugar onde estavam as mulheres dos dois primeiros, de modo a levarmos também elas para a Espanha.

Mas a iniciativa não teve sucesso. As mulheres foram avisadas por um dos prisioneiros, que conseguiu soltar as mãos e escapou sem deixar rastros. O outro também tentou fugir e tivemos que feri-lo na cabeça. Começou a sangrar. De repente surgiram do mato dezenas desses gigantes e nos atacaram, arremessando nuvens de flechas contra nós. Um dos nossos foi atingido na coxa e, como a flecha estava envenenada, morreu dali a pouco.

Atirávamos contra eles com as bestas, mas sem acertá-los: moviam-se com muita rapidez. Quando viram que tinham ferido de morte um dos nossos, foram tomados pelo terror e fugiram. Depois de enterrar nosso companheiro, pusemos fogo em suas cabanas feitas de couro de guanaco e em todos os seus suprimentos de comida.

Um dos gigantes capturados foi levado para a *San Antonio* para alegrar a tripulação; o outro ficou na capitânia.

O que batizamos de Jonas, ou, para ser exato, Jonas, o Gigante, na primeira noite reclamou de fortes dores na cabeça. Pediu uma faca e, com ela, produziu feridas na testa, no tórax e nos braços e pernas.

— Assim o sangue ruim, que não quer ficar no corpo e por isso causa a febre, pode sair — explicou-nos com gestos e palavras que somente Pigafetta, dando provas de uma surpreendente capacidade de se entender com aqueles selvagens, parecia compreender.

Por meio dos dois prisioneiros viemos a saber muitas coisas sobre os hábitos daqueles povos. Por exemplo, aprendemos que, quando se sentiam mal do estômago, em vez de se purgarem, enfiavam a parte de trás de uma flecha na garganta e expeliam um vômito verde misturado com sangue, devido ao fato de se alimentarem de plantas espinhosas.

Pigafetta era insaciável. Queria saber de tudo. Em que divindade acreditavam e o que pensavam da morte.

— Quando um de nós morre — explicou-nos Jonas, o Gigante, com ênfase, movendo-se para a frente e para trás como se estivesse possuído, com Pigafetta fazendo as vezes de intérprete —, aparecem em volta do corpo dez demônios, cujo chefe é *Setebos*, o mais poderoso. Os outros se chamam *chelele*. Então todos eles juntos dançam com alegria em volta do morto. Das cores com as quais estão pintados os demônios também se pintam os parentes do defunto e os amigos, participando das danças ao lado dos demônios. Eu mesmo os vi: cada um tinha dois chifres na cabeça e pelos compridos até os pés, e soltava fogo pela boca e pelo traseiro.

Muitos caíram na risada, mas o gigante olhou para eles de tal maneira que tiveram de parar.

Uma coisa, porém, é certa: a partir daquele momento os patagões, como os tínhamos batizado, por conta dos pés grandes, mantiveram-se bem escondidos. Quando tentamos nos enfiar terra adentro em busca de lenha e água, por várias vezes fomos atacados e obrigados a nos defender, abatendo alguns deles. Naqueles dias caçamos tudo que se movia: avestruzes, raposas, coelhos. E entre as rochas recolhíamos mexilhões dentro dos quais havia uma pérola.

À medida que os dias se alongavam e aproximava-se a primavera, a atmosfera mudou pouco a pouco. Magalhães recuperou o ânimo, uma vez que a razão é aquela faculdade de imaginar e adaptar a si tudo quanto existe. E finalmente julgamos poder retomar a viagem.

O almirante ordenou que a *Santiago* levantasse âncoras e fosse primeiro fazer um reconhecimento. Serrão recebeu instruções precisas: costear rumo ao sul, explorando todas as baías e enseadas, para depois voltar e se reportar a nós, dentro de dez dias.

No entanto, o tempo passava e o navio não voltava. Uma manhã, pouco depois da metade de junho, vimos surgirem das colinas dois homens cobertos de farrapos, tremendo e mancando, que começaram a gesticular na nossa direção, gritando ao vento. Enviamos à terra um bote e, quando se aproximaram, percebemos que falavam espanhol. Mal os reconhecemos: eram dois marinheiros da *Santiago*, um contramestre e um gajeiro. Contaram-nos exaltados que o navio afundara.

— Afundou? — perguntou Magalhães, estupefato, assim que foram levados à sua presença.

— A 51 graus de latitude sul, depois de bordejar à bolina por dias e dias para vencer o forte vento contrário, entramos numa enseada que se estreitava para o fundo e que depois se revelou a foz de um pequeno rio. Ali os ventos aumentaram, logo virando uma tempestade. Amainamos as velas, mas não bastou. Uma onda maligna arrancou nosso leme. Apontamos para uma margem arenosa usando uma vara no lugar dele, mas o mar estava muito forte. Fomos arrastados contra os escolhos e o navio se despedaçou.

— E os outros? — perguntou Magalhães, com o rosto quase roxo.

— Felizmente todos salvos, menos o grumete negro, Juan, que lamentavelmente se afogou — respondeu o contramestre. — O restante da tripulação está esperando na margem do rio, a dois dias e meio de navegação daqui. Tentamos recuperar do naufrágio o máximo de material possível, em grande parte devolvido pela ressaca, mas nada de comida. Colocamos tudo a salvo atrás de uma pequena colina. Por dias não comemos nada além de moluscos de sabor azedo; nenhum de nós sabia o que eram, mas nos mantinham vivos. Precisamos ir rápido, comandante.

Por alguns instantes Magalhães se fechou em seu casulo; depois, como acordando, deu ordens de descer ao mar dois botes com a tarefa de resgatá-los; no entanto, por quase um mês não se pôde navegar devido ao mau tempo, por isso foi necessário supri-los por terra. Fiz a viagem duas vezes. Eram necessários cinco dias para ir e voltar, por um caminho difícil e cheio de sarças e espinhos. À noite dormíamos no mato e não se conseguia água para beber a não ser chupando gelo.

Enquanto isso, o tempo melhorou, os dias ficaram mais longos, a neve acabou de derreter, brotos despontaram aqui e ali, e assim nos preparamos para zarpar. Os navios foram puxados para a areia, aproveitando as marés; os cascos foram escovados, raspados, calafetados; as fendas entre as tábuas, fechadas com estopa; o cordame, substituído; as velas, remendadas. E, uma vez desencalhados, atracamos novamente em águas profundas. Completada a provisão de água e madeira, no dia estabelecido retomamos a navegação. Era 24 de agosto do ano de 1520.

Chegando à foz do rio, que batizamos de Rio Santa Cruz, onde a *Santiago* fora ao encontro da má sorte, o almirante, até para se proteger de uma borrasca inesperada, decidiu ancorar os navios naquela baía e mantê-los ali por razões que só ele tinha em mente. A desculpa era fazer provisão de lenha, água, peixes, e recuperar alguns restos do naufrágio. Distribuídos os marinheiros da *Santiago* entre os outros navios, quis que todos nos confessássemos e recebêssemos a eucaristia.

Certamente não podia imaginar o quanto estivéssemos perto da meta. Assim, por razões que ninguém soube explicar e que até hoje permanecem misteriosas, perdemos outros dois meses naquela baía. Havia algum tempo que Magalhães era um homem atormentado e, o que é pior, adquirira o hábito de consultar o astrólogo para todos os assuntos. Creio que era San Martín quem nos mantinha presos ali com suas profecias. Ou talvez o almirante simplesmente temesse os ventos, ainda fortes.

Foi nesses dias de abandono que Magalhães nos comunicou sua decisão irrevogável. Prosseguiríamos costeando rumo ao sul até 75 graus de latitude, onde no verão não há noite (ou, se há, não dura mais que três ou quatro horas) e no inverno não há dia. Depois, se realmente não fosse encontrada a passagem que buscávamos havia mais de um ano, viraríamos as proas para o leste, rumo à África e ao Cabo da Boa Esperança, e chegaríamos às Índias por aquela rota.

Ninguém conseguia acreditar naquelas palavras, tão novas para ele.

Magalhães se tornara, se é que isso fosse possível, ainda mais intratável. Mantinha os homens ocupados em todo tipo de atividade, de modo que restasse pouco tempo para os pensamentos ruins, ou mesmo só para os ociosos. Contínuas contagens, reparos às vezes inúteis. Mandou construir na margem uma grande igreja de madeira onde aos domingos celebrávamos missa.

Os dois patagões foram interrogados várias vezes, mas não se conseguiram extrair informações úteis deles, nem mesmo com o auxílio dos mapas, que eles não compreendiam, ou convidando-os a fazer desenhos na areia.

Finalmente o astrólogo deu parecer favorável à partida; Magalhães ordenou que voltássemos ao mar. Era 18 de outubro do ano do Senhor de 1520. Celebrada a última missa e recebida a comunhão, levantamos âncoras e desfraldamos as velas de gávea, ajustando como podíamos as velas de cutelo. Entretanto, não havia uma lufada de vento, então prosseguíamos com uma lentidão exasperante. A costa, que tínhamos ordem de não perder de vista, era baixa e árida, toda areia e rochas, sem nenhuma vegetação, apenas algumas moitas de capim.

Depois de três dias de navegação agonizante, a 52 graus e vinte minutos de latitude sul, avistamos o cume escarpado de um promontório de 200 pés[20] de altura que se erguia sobre as baixas e monótonas extensões de areia. Chamamos aquele maciço rochoso de Cabo das Onze Mil Virgens, em honra às santas do calendário. Ao dobrá-lo, eis que se abre uma profunda enseada de águas escuras e limosas, com não mais que meia légua de largura. Aproximamo-nos. Magalhães deu ordem para entrarmos, ainda que muitos o desaconselhassem: aquelas águas turvas não prenunciavam nada de bom. Mas o almirante não quis ouvir nenhum argumento. De ambos os lados, altos paredões se projetavam acima de nós, e a distância avistávamos picos nevados que pareciam fechar o golfo. Algo na paisagem estava mudando. Poucas árvores de tronco alto, quase sempre só moitas densas de arbustos. Entrando naquelas águas gélidas, ouvíamos o assovio do vento, que batia impetuoso nas velas, submetendo-as a dura prova. Nenhum ruído além daquele. Víamos desfilarem paisagens que pareciam a antecâmara do além-túmulo. Ninguém acreditava que aquelas águas infernais pudessem conduzir a algum lugar, e alguns balançavam a cabeça e faziam o sinal da cruz. De acordo com as sondas, as águas continuavam profundíssimas, desde que nos mantivéssemos no centro; somente próximo à margem se reduziam a 25, 30 braças.[21] Magalhães expediu um grupo à terra, liderado por Carvalho, com ordens de subir até um cume do qual se pudesse estender o olhar ao redor para ver se havia uma saída. Eles voltaram aflitos.

– Tudo fechado – disseram.

---

[20] Equivalente a sessenta metros. [N.E.]

[21] Entre 45 e 55 metros, aproximadamente. [N.E.]

Mas Magalhães teimou e quis ir adiante. Vejo, mas não creio: devia ser esse seu lema. E foi uma sorte.

Muitos dos que lá tinham estado juravam que aquela espécie de garganta se assemelhava os fiordes dos Mares do Norte, e que continuar a seguir seu curso era perda de tempo, além de perigoso. Inclusive porque se estreitava cada vez mais; se fôssemos surpreendidos por uma tempestade naquelas águas, estaríamos em maus lençóis. Os pilotos resmungavam preocupados. Eu também estava. Ficava ao leme por horas e horas, atento aos comandos deles. A vista, em meio àquela branquidão, por vezes se ofuscava. Foi depois de uma semana de navegação que Magalhães deixou escapar uma promessa que contrastava com o que ele próprio estabelecera poucos dias antes.

– Se esta enseada não levar a lugar nenhum – disse –, retornamos. Ou para casa ou para as Índias pela via do levante. Decidiremos se e quando for o momento.

Deixo que imaginem a exultação dos homens a bordo. Magalhães, por outro lado, parecia o homem mais arrasado que eu já tinha visto. Agora próximo da rendição.

Foi então que mandou a *Trinidad* e a *Victoria* lançarem âncoras. Seriam a *San Antonio* e a *Concepción* a seguir adiante em reconhecimento. Teriam cinco dias de tempo para seguir o curso daquela enseada que parecia não ter fim. Depois deveriam voltar. Já se perdera tempo demais, e a redução dos suprimentos de víveres começava a ficar preocupante.

Ainda me lembro do nó na garganta que senti quando vi da proa as duas naus desaparecendo atrás de um promontório escarpado em forma de demônio chifrudo, escuro presságio de desventura.

Pois nem bem caiu a noite e ergueu-se um vento que começou a sacudir os navios. Ondas assustadoras nos atiravam de um lado para o outro.

– As âncoras estão desunhando! – gritaram os vigias.

Amainamos as velas e nos deixamos levar pelas ondas, cuidando apenas de nos mantermos afastados dos escolhos e dos outros perigos, com os homens empenhados em arriar as escotas e bracear os mastros.

Era claro que, se os dois navios enviados em reconhecimento se vissem em meio a uma borrasca semelhante, num espaço tão apertado, não teriam a menor chance.

Ao amanhecer, os ventos diminuíram. As horas se passaram sem podermos fazer nada. Magalhães permaneceu fechado em sua câmara, consultando os mapas e lendo pela enésima vez o *Primaleón di Grecia*,[22] sem se deixar ver por ninguém, a não ser por Henrique, único autorizado a levar-lhe a refeição e informações de serviço. Passaram-se os dias e nada aconteceu. Muitos consideravam a *San Antonio* e a *Concepción* perdidas, destroçadas contra as rochas. Creio que até Magalhães fosse dessa opinião.

No sexto dia, porém, eis que do cesto da gávea nos chega um grito:

– Sinais à vista!

No horizonte distante vimos levantar-se uma coluna de fumaça. Quem não pensaria num pedido de socorro de nossos companheiros?

Magalhães estava a ponto de ordenar que fossem baixados os botes, quando chegou outro grito da gávea:

– Velas a estibordo!

Milagre! Tratava-se da *San Antonio* e da *Concepción*, retornando.

Mas o que era aquilo que víamos tremulando? Eram as velas cheias, as bandeiras e as flâmulas! Ouvimos ressoarem seus canhões, como sinos em festa, além de gritos de júbilo.

Magalhães saltou para fora do castelo de proa e olhou adiante, tomado por uma exultação que se esforçava para conter. Logo em

---

[22] *Primaleón di Grecia:* romance de cavalaria espanhol. [N.T.]

seguida voltou a si e deu ordens de enviar um bote para trazer imediatamente os capitáes Mesquita e Serrão.

Estes, assim que se viram em sua presença, lançaram-se para cima dele.

Mesquita começou a contar, enquanto parte da tripulação se amontoava ao redor.

O almirante estava no ápice da comoção enquanto ouvia a voz daquele homem, ainda que fosse um sentimento que tinha a ver unicamente consigo mesmo. A voz rouca de Mesquita falando era para ele como o ruído de uma concha, que ressoava somente para seus ouvidos:

— Já havíamos adentrado bastante a baía, quando se ergueu um vento de tempestade. Amainamos as velas, mas não bastou: uma corrente assustadora nos arrastou cada vez mais para dentro, entre falésias escuras que se projetavam para cima de nós. Para ficarmos a uma distância de segurança um do outro, mantínhamos um farol aceso, tamanho era o breu. O canal parecia se estreitar a olhos vistos, e já nos considerávamos condenados quando, contornando um promontório, eis que o canal se alargava, e a partir daquele ponto as águas eram quase calmas. Víamos bem, pelas amostras dos baldes, que a água que circulava ali era água salgada; era claro que não podia ser um rio. Além disso, o nível da água subia e descia conforme as leis das marés. Resolvemos prosseguir. Sim, eu sei, comandante, fazendo isso não poderíamos respeitar sua ordem de voltar em cinco dias. Mas eu pensei: é o que o almirante esperaria de nós.

Magalháes sorriu.

— Continue.

Vibrava naquela palavra um grau de compreensão nunca manifestado antes.

— Então, subindo a foz, que foz não era, o canal se alargava cada vez mais e as profundidades aumentavam. O mar aberto estava próximo, podíamos sentir. Até o ar nos dizia isso. Fomos tomados por uma estranha euforia. Percebíamos que algo de extraordinário estava prestes a acontecer. Ao mesmo tempo tínhamos medo de irmos longe demais e não conseguirmos voltar. Por isso decidimos, depois de alguma hesitação, virar as proas, mas só depois de confirmar nossas suposições. Uma coisa é certa, comandante: aquele canal conduz ao *Mar del Sur*! E esta deve ser a passagem que procurávamos! Que um raio me parta se estiver errado!

– Bem, bem – fez Magalhães, não cabendo mais em si, porém não sem um profundo sentimento de abandono. – E os sinais de fumaça, foram os senhores que fizeram?

– Sim, para lhes dar notícias logo.

– Deram-nos um belo susto – disse Magalhães. – Mas deixemos para lá.

E começou a andar de um lado para o outro, as mãos cruzadas nas costas.

– Preciso refletir.

Assim ficou por alguns minutos. Depois pediu que o deixassem sozinho.

Na manhã seguinte, depois de uma noite, para muitos, insone, direcionamos as proas para o interior do canal, rumo ao poente. A paisagem se fez cada vez mais desalentadora, com ventos gelados descendo do alto dos montes nevados.

Enquanto percorríamos aquela paisagem sinistra sobre as águas gélidas, por todos os lados reinava um silêncio profundíssimo, rompido apenas pelo uivo do vento. As sondas revelavam que a profundidade não parava de aumentar. O coração gelava.

E enquanto olhava aquele vislumbre de um outro mundo, pensei: *nenhum navio jamais sulcou estas águas, jamais nenhum homem.*

Não podia ter certeza, naturalmente, mas tudo levava a supor que assim fosse.

E talvez mesmo nenhum deus, disse comigo mesmo.

Na primeira noite paramos numa pequena enseada confortável.

Enquanto consumíamos o jantar, diversas vezes voltei os olhos para aqueles imponentes cumes coroados de neve, sobre os quais cintilava a luz do sol agonizante. De vários pontos subiam colunas de fumaça, e ao cair das trevas parecia que todos aqueles montes ao redor se acendiam de fogo, razão pela qual Barbosa, com sua vozinha nasal, propôs chamar aquela terra silenciosa de *Tierra del Fuego*.

Preocupado com o que observava, no dia seguinte Magalhães decidiu enviar uma patrulha à terra firme para descobrir a origem dos fogos. Eu estava entre eles. Exploramos um raio de algumas léguas, mas não encontramos sinal de vida, nem habitações ou aldeias. Apenas, numa clareira gramada, os restos de uma gigantesca construção de madeira carbonizada e um pequeno cemitério com antigas tumbas de pedra corroída, infestadas por milhares de insetos e dentro das quais, devorados pelos vermes, repousavam os restos de sabe-se lá que tipo de gente. Reinava uma sensação de ameaça. Propus voltarmos, mas Barbosa, que comandava a expedição, quis escavar para apurar quem estava sepultado sob as lápides. Descobrimos três delas e o que veio à luz nos aterrorizou: eram homens de estatura mais baixa que o normal, isso se fossem mesmo homens, já que na verdade, pelas feições, pareciam mais próximos dos macacos. Tinham o crânio mais alongado que o nosso, tanto na frente quanto atrás, e de uma massa superior a tudo que eu já tinha visto; os arcos das sobrancelhas eram protuberantes e o maxilar, destacadamente projetado para a frente. O queixo era recuado e as maçãs do rosto, acentuadas.

É a vida a destruir a vida, passou-me pela cabeça naquele instante, junto com um turbilhão de outros pensamentos sombrios que afastei imediatamente.

– Vamos embora o mais rápido possível – disse Barbosa. – Não me sinto à vontade aqui.

Todos de acordo, partimos de volta à praia, a passo acelerado, com a constante impressão de estarmos sendo seguidos. Erramos a direção e topamos com uma carcaça de baleia em decomposição.

Os rapazes cortaram os poucos pedaços em bom estado, especialmente as entranhas; depois partimos novamente e ao final de uma hora reencontramos o caminho para os navios.

Dois dias depois retomamos a navegação. A paisagem, se é que isto fosse possível, parecia ficar ainda mais inóspita. Parecia que aquele canal nunca teria fim. Agora ninguém mais tinha dúvidas de que devia, mais cedo ou mais tarde, levar ao mar aberto. Mas quando chegaríamos àquela bendita saída era agora uma questão capital.

O vento de sudoeste não parava de assoviar nas rochas, nas enxárcias, nas velas, nas anteparas. Era um vento gelado e corpuscular, que descia dos picos mais altos.

E eis que de repente o cômodo canal se transformou num labirinto de caminhos, ramificações, enseadas, e no meio, por toda parte, grupos de ilhotas em rápida sucessão; um emaranhado de baías, angras, pequenos fiordes, ramos secundários, bancos de areia, entre turbilhões repentinos de vento e redemoinhos assustadores.

Tivemos de empregar todas as nossas habilidades náuticas para evitar colisões e abalroamentos. Pilotos e timoneiros (incluindo o que vos fala) foram postos à prova junto com toda a tripulação. Desembaraçar-nos em meio àquele labirinto não foi empresa fácil; a todo momento surgia diante de nós uma nova armadilha, escolhos emergentes, súbitas rajadas de vento, correntes fortíssimas, sorvedouros. Foi um milagre dos céus conduzirmos incólumes em meio àquelas águas os quatro veleiros, um milagre tornado possível pela perícia dos pilotos e dos capitães que os comandavam. Um forte vento gélido soprava, parecendo vir de todos os pontos cardiais, sem um momento de trégua. A cada bifurcação, Magalhães dividia a frota em duas e quem encontrava o caminho certo disparava um tiro de canhão. Continuamos assim por dias, e à noite (que agora não durava mais que três ou quatro horas), os fogos nos obrigavam a redobrar os turnos de guarda.

Após duas semanas daqueles tormentos, chegamos diante da foz de um pequeno rio que, pela quantidade de peixes, batizamos de Rio das Sardinhas.

Numa margem encontramos centenas de conchas vazias, carcaças de lobos-marinhos, restos de fogueiras e de cabanas. Os recifes, de um lado e do outro, eram cobertos de moluscos. E, finalmente, árvores de alguma grandeza, pradarias de um belo verde esmeralda a distância, e cursos d'água fresca, pequenos afluentes, em cujas margens crescia uma espécie de aipo que se revelou saboroso e que colhemos em grande quantidade.

O boticário notou que tinha propriedades lenitivas para inchaço do ventre e para gengivas moles, e recomendou-o.

Patos de bico laranja e asas tortas nadavam na baía, mas assim que tentávamos capturá-los punham-se a salvo com um bater de asas. Havia também uns gansos brancos grandes que se aproximavam de nós sem medo, e que foi possível capturar e assar. O próprio Henrique, que ultimamente parecia fraco e triste e só fazia se queixar do frio e coçar a cabeleira por causa dos piolhos, desempenhando com cada vez mais frequência suas obrigações de má vontade e logo em seguida se estendendo triste em sua esteira, com aquela nova dieta pareceu revigorar-se e recuperar o sorriso.

– Creio que em todo o mundo não exista um estreito mais belo e seguro que este – disse Pigafetta, olhando em volta, extasiado, depois de tantas dificuldades.

– Não o diria tão cedo – respondi.

A partir dali, o caminho se bifurcava: um ia na direção do libecho, para sudoeste, o outro na do siroco,[23] para sudeste. Pareciam equivalentes, no aspecto. Qual direção tomar?

Magalhães, como de costume, confirmou a intenção de dividir a frota em duas. De um lado a *San Antonio* e a *Concepción*, do

---

[23] Libecho e siroco: ventos do sudoeste e do sudeste, respectivamente, e as direções correspondentes na rosa dos ventos. [N.T.]

outro a *Trinidad* e a *Victoria*. Porém, antes que cada um seguisse seu caminho, mandou chamar à almiranta os capitães, imediatos, contramestre, pilotos e timoneiros.

Lembro-me como se fosse agora de seu rosto, à luz das velas.

– Agora está claro que encontramos a passagem, mas as coisas estão se prolongando e os víveres começam a escassear. Quero que cada um dê sua opinião. Peço que se expressem com a máxima liberdade.

Aquelas palavras me ressoaram por muito tempo nos ouvidos.

– Esta é sem dúvida a via para o Oriente – acrescentou, já que ninguém respirava. – Só que, em vez de no 40º paralelo, encontramo-la no 52º. Se alguém tiver dúvidas, peço que se manifeste.

Como ninguém se decidia ainda, depois de nos examinar um a um, continuou, como para nos dar a deixa:

– Temos duas possibilidades. Podemos voltar para a Espanha e rearmar a frota. Ou então prosseguir e honrar os compromissos assumidos, custe o que custar.

Alguns se enrijeceram. Uma cadeira rangeu.

– Se me permite – manifestou-se Estêvão Gomez, coçando a barba –, considero preferível a primeira solução. A meu ver, os navios não estão em condições de prosseguir. Quase não aguentam o mar, e a comida está se acabando, como foi dito. Mal temos para três meses. Sem contar que, ainda que chegássemos ao oceano, não sabemos quão extenso ele é, e nem mesmo se por esse caminho é possível chegar às Molucas.

– Alguém mais tem dúvidas? – perguntou Magalhães, gélido.

Ninguém respondeu, nem ousou olhá-lo no rosto.

– Então está decidido: vamos em frente.

Antes que a sessão fosse encerrada, cuidou de nos dar esta advertência:

– Proíbo quem quer que seja de mencionar a escassez de víveres ao restante da tripulação. Quem descumprir minha ordem pagará com a vida. Entendido?

Na manhã seguinte, enquanto a neblina subia, assistimos à partida da *San Antonio* e da *Concepción*, que logo desapareceram pelo caminho que virava para o siroco. Reencontraríamo-nos na foz do Rio das Sardinhas depois de exatos cinco dias.

Magalhães deu ordens à *Trinidad* e à *Victoria* de permanecerem ancoradas. Decidira mandar à frente um bote capitaneado por Barbosa e Albo. Eu também quis ir.

E assim zarpamos, como quem vai ao encontro de um decreto divino. Conforme avançávamos naquele difícil estreito, cheio de ilhotas, bancos de areia e costas recortadas, a natureza parecia abrandar-se: começamos a notar nesgas de grama verdejante, alguns raros trechos de mata, torrentes e pequenas cascatas gorgolejantes. Não mais rochedos íngremes e picos nevados, mas terras baixas, grandes extensões de grama e aipo. Ao anoitecer assistimos a um espetáculo de peixes voadores, com um palmo ou mais de comprimento, ótimos ao paladar. Tentamos capturar o máximo que podíamos com as redes. Víamos quando levantavam voo e seguiam reto enquanto estavam com as asas molhadas, voando bem mais do que um tiro de besta. Porém, quando mergulhavam de volta na água, muitas vezes acontecia de algum predador ter seguido sua sombra durante o voo e estar esperando para devorá-los.

A comida por enquanto não faltava e o ar ficara decididamente menos gelado. Prosseguindo, encontramos bosques de cidreiras e fontes de água doce, nas quais nos abastecemos, dedicando-nos durante a permanência ali à pesca de sardinhas e de mexilhões, além de estocarmos ervas aromáticas para usar como condimento. Mais adiante, pescamos dourados, atuns e bonitos, peixes saborosos e do comprimento de um braço. Finalmente, no terceiro dia, enquanto meus companheiros estavam empenhados numa discussão cujo tema não me recordo, vi o canal se alargar e... Desembocar no mar aberto!

Saltei e gritei de alegria. Olharam-me espantados.

– É o *Mar del Sur*! – anunciei. – Bem ali!

E tanto me agitei que caí na água; precisaram pescar-me de volta. *Immersus emergo.* Quando afundo, reemerjo.

Diante de nós se descortinava uma vastidão sem fim de água, assustadoramente bela e calma, com ondas longas e plácidas. O sol despontava entre as nuvens. A vida parecia renascer depois de meses de tormentos do corpo e do espírito.

O grande Oceano Pacífico. Assim o chamaríamos depois de percorrê-lo. A maior extensão de água de todo o globo. Mas ainda não sabíamos disso. Ainda não sabíamos quantos sacrifícios e sofrimentos nos traria.

– Precisamos levar a notícia ao almirante! – disse Barbosa, empolgado.

E assim viramos o bote para retornar.

CONHECE TEU ABISMO E SABERÁS DE TUDO. Eis por que, quando levamos a notícia a Magalhães, ainda me lembro, ele chorou: lágrimas de alegria, mas não só. Deve ter sentido que uma parte de seu desígnio estava próxima de se cumprir. Isso talvez o tenha assustado. Coroar um sonho, no fundo, é um pouco como morrer. Contudo, alguma coisa havia para consolá-lo: sentia que mantivera a palavra, que não iludira a tripulação, os oficiais, o que quer que isso valesse. Contávamos vários mortos, incluindo nobres castelhanos postos pelo rei no comando de três de suas naus mais soberbas. Agora aquele sangue parecia lavado. Ainda assim, nada daquilo conseguia satisfazê-lo, muito menos acalmá-lo.

Só restava esperar o retorno da *San Antonio* e da *Concepción*, que porém tardavam, e depois içar velas rumo ao mar aberto, por aquela nova via.

No entanto, quando nem mesmo no sexto dia os navios apareceram, Magalhães decidiu ir ao encontro deles. E finalmente, depois de dois dias de navegação, eis que surgem no horizonte opaco as velas da *Concepción*, que se aproximava lentamente.

Quando Serrão veio se reportar ao almirante, este o interrogou com o jeito brusco de sempre:

– Onde diabos foi se meter a *San Antonio*?

O homem coçou a barba crespa, apertando os lábios.

– Não tenho ideia. Estava quase meia jornada à nossa frente. Perdemo-la de vista atrás de um penhasco. Era noite. – Fez sinal com a mão, como superando um obstáculo imaginário. – Quando dobramos o cabo, tinha desaparecido. Não víamos mais as luzes dela em lugar nenhum.

Magalhães inclinou a cabeça para a frente, sacudindo-a lentamente.

– O que concluíram? Digam!

– Veja, comandante, aquele canal é de perder a cabeça, de tão cheio de ramificações e de ilhotas – respondeu Serrão, voltando a desenhar no ar com os dedos gorduchos e a esfregar a barba. – Para mim, tiveram uma avaria e procuraram algum abrigo improvisado.

A mão direita de Magalhães agarrou-lhe o pulso.

– Pare de se agitar e me diga se na sua opinião é possível que tenha naufragado.

– É uma pergunta difícil. Mas, se tivesse que apostar, diria que não.

– Certo – disse Magalhães, com uma calma insólita. – Vão para a praia e façam sinais com fogo. Mandem dois botes para procurá-la. E finquem bandeiras ao longo do caminho, em posição elevada, deixando ao pé delas, dentro de uma panela de barro, as instruções que lhes darei. Caso tenham se perdido, que pelo menos saibam a direção que tomaremos.

Serrão já lhe dava as costas quando disse:

– Será feito, comandante.

Em seguida, Magalhães ordenou que fincássemos uma cruz alta no topo de um pequeno monte, como se fizéssemos um voto, e mandou chamar o astrólogo para nos dar ciência dos desígnios do destino por meio dos sinais obscuros do horóscopo.

Eu, que estava na *Trinidad* para uma comunicação ao comandante, troquei um olhar com Pigafetta, que se mantinha um pouco afastado, ainda que sem perder uma palavra do que era dito. Por seus olhos compreendi como também estava tomado pelos piores pressentimentos.

San Martín veio e fez conforme solicitado. Mas a sentença proferida deixou Magalhães petrificado.

— O capitão Mesquita, estou vendo bem, está acorrentado, prisioneiro; a tripulação se rebelou e, sob o comando de De Coca e Gomes, o navio inverteu a rota e está rumando para a Espanha.

— Se estiver dizendo a verdade – disse Magalhães, com os olhos em chamas e quase dando um salto para trás –, significa que fomos traídos bem a um passo da meta. Isso nem mesmo Deus poderá perdoar!

Não sabia bem o que pensar. Uma coisa, porém, parecia-me clara. Se o astrólogo tivesse razão, só havia um modo para explicar suas palavras: devia necessariamente conhecer de antemão as intenções dos fugitivos. Eu certamente não era do tipo que crê em profecias. E nem Magalhães podia ser tão tolo. Porém não fez perguntas. Em vez disso, decidiu convocar para um conselho os capitães e os oficiais restantes. Antes de tomar qualquer decisão queria registrar por escrito os novos acontecimentos, assim como qualquer resolução que a partir daquele momento fosse tomada.

— Senhores, a situação é a seguinte – disse, com os olhos soltando faíscas para todos os lados, mas cuidando, de resto, de manter-se calmo. – Não encontramos sinal da *San Antonio*. Se naufragou, foi sugada por um redemoinho ou desertou não é possível saber no momento, ainda que as cartas tenham se pronunciado. Em todo caso, era a unidade maior e mais bem armada. E além disso dispunha da reserva mais substancial de provisões. Agora cabe a nós decidir.

Encarou todos, um a um, depois continuou:

— Se a *San Antonio* tiver desertado, uma vez de volta à Espanha, se lá chegarem, para se salvar da acusação de alta traição, farão de tudo para me caluniar. Dirão que tomei o comando dos capitães do rei para colocá-lo nas mãos de meus compatriotas, e que procurei prejudicar a missão para favorecer Portugal. Estou ciente disso. Juro, portanto, diante de Deus Todo-Poderoso, que não só levarei a cabo minha tarefa, como também que farei de tudo para retornar à pátria e obter a punição daqueles traidores!

Fez uma pausa e depois, acalmando-se um pouco, continuou:

— Agora quero que as palavras de cada um sejam registradas por escrito: quem é favorável a seguir viagem para as Índias pelo caminho que descobrimos?

Depois de alguns instantes, cinco mãos se levantaram timidamente à luz avermelhada da chama.

Examinei aqueles rostos e li neles uma angústia de deixar sem palavras.

— Muito bem. Escrivão, registre: seis favoráveis, três abstenções. Vamos em frente.

Seguiu-se um silêncio palpável. Eu estava entre as abstenções. Pigafetta entre os favoráveis a continuar, ainda que se lesse em seus olhos a mais completa perplexidade.

— Escreva: "No canal de *Todos los Santos*, diante do *Rio del Isleo*, aos 21 de novembro, eu, Fernão de Magalhães, cavaleiro da Ordem de Santiago e capitão-general desta armada, tomei ciência de que a vós todos parece decisão plena de responsabilidade prosseguir na viagem, uma vez que julgais a estação já muito avançada". Sou um homem que nunca desprezou o parecer e o conselho alheio, e que pretende sempre discutir e executar cada deliberação com o consentimento de todos.

Aquelas palavras soaram para todos como a mais atroz das chacotas, mas ninguém abriu a boca.

Em seguida ele acrescentou, quase como se quisesse brincar ainda mais conosco:

— Se alguém tiver comentários, que se manifeste sem temor. Seria contrário ao juramento calar vossa opinião num momento tão decisivo para o destino da empresa.

Somente o astrólogo encontrou forças para abrir a boca, embora os temores que o dominavam tenham-no feito costurar um discurso tão incerto que teria sido melhor ficar em silêncio.

– Embora não creia que por este canal se possa chegar às Molucas – disse cheio de angústia –, aconselho a prosseguir com a navegação porque a primavera e o clima o permitem e há opiniões favoráveis. Não devemos, porém, ir demasiado longe, se apurarmos que o caminho não conduz aonde esperamos, pois os navios e a tripulação não estão em condições de resistir por muito tempo. Talvez fosse oportuno nos dirigirmos para o oriente em vez do ocidente. Mas o comandante supremo aja como lhe sugere sua sabedoria e como Deus o inspirar.

Ninguém mais ousou tomar a palavra. Magalhães declarou encerrada a sessão.

Na quinta-feira, 22 de novembro do ano do Senhor de 1520, levantamos âncoras da enseada junto ao Rio das Sardinhas e retomamos a navegação. Fizemos uma última parada noturna numa baía de rochas forradas de conchas e leito coberto de longas algas escuras – onde foi necessário prender os navios às margens com cabos robustos – e cinco dias depois finalmente entramos, a reboque dos botes, no último trecho do canal, agora largo como um lago, entre falésias arredondadas e menos acidentadas. Ao pôr do sol, depois de contornar um promontório batizado por Magalhães de *Cabo Deseado*, vimo-nos diante do mar aberto, sobre cuja superfície grandes pássaros desciam planando à caça de peixes. O grande oceano *ignotum*, jamais sulcado por nau europeia. E seguindo naquela direção, muito mais a oeste, se os cálculos estivessem corretos – e por Deus tinham que estar –, chegaríamos às Ilhas das Especiarias. E ainda mais adiante ao Cipango,[24] à China, às Índias. Depois à África e por fim de volta à Espanha.

---

[24] Cipango: antigo nome dado pelos europeus ao Japão. [N.T.]

Não tive a oportunidade de estudar a expressão que assumiu Magalhães naquele momento, mas consigo imaginá-la. Era o universo inteiro que se escancarava diante de seus olhos. Aquilo que mais sonhara estava ao alcance da mão. Mas sua mão, creio eu, não devia estar tão firme quanto ele esperava.

Seja como for, uma vez alcançado o grande oceano, os tormentos certamente não tinham terminado. Na verdade, estavam apenas começando. Pois o que mais nos atormenta está dentro de nós, e não nos libertaremos jamais.

Depois de uma noite ancorados, entre cantos, danças e festejos (foi determinada uma porção dobrada de vinho para todos), na manhã de 28 de novembro Magalhães deu ordem para partirmos. De sobrepeliz e estola, o padre Valderrama abençoou cada um com o aspersório. Depois de disparar salvas de canhão, partimos para o alto-mar. Jamais poderíamos imaginar que aquele oceano fosse se revelar tão interminável que sobre sua infinitude floresceriam mitos. Por exemplo, aquele segundo o qual quem o teria gerado teria sido o deus Pachacamac, criador do Céu, da Terra e de todas as coisas, adorado pelas populações que então habitavam a costa sul-americana do Pacífico.

Naquele tempo, segundo a lenda, o oceano ainda não existia. Um dia Pachacamac deu um vaso cheio d'água a um casal que vivia em harmonia com os elementos. Estes, em vez de tomar conta dele, derramaram no chão durante as festividades da aldeia a água contida no vaso sagrado e o encheram de *chicha*, uma aguardente de milho, com a qual se embebedaram. Não perceberam que a água sagrada derramada do vaso começava a crescer e crescer em volta da aldeia, transformando-se numa superfície cada vez mais extensa que banhava os desertos do vale. Quando perceberam o que estava acontecendo, precisaram fugir, porque a água já cobria o telhado das cabanas.

No dia seguinte, o deus Pachacamac, enfurecido pela afronta sofrida, encontrou os dois ingratos escapando entre as montanhas e transformou a mulher numa raposa e o homem num macaco.

O macaco fugiu para as terras de uma localidade chamada Nazca e depois, esmagado pela noite, ficou desenhado na planície, onde ainda se pode vê-lo, junto com outros animais castigados pelos deuses.

A raposa encontrou refúgio no templo de Pachacamac, onde a imagem dourada desse animal era venerada e em sua honra realizavam-se sacrifícios. Transformada em raposa, a mulher foi assim sacrificada no templo do deus.

A água sagrada continuou aumentando até se tornar um grande mar chamado oceano, que não se pôde mais atravessar. Esse foi o castigo do deus Pachacamac aos homens que não tinham tido cuidado com seu presente.

Mas a verdade, meus senhores, é que nenhum deus adorado por selvagens poderia criar um mar tão vasto que não pudesse ser vencido. E de fato Magalhães o atravessou.

SE É VERDADE QUE NENHUM DEUS adorado por selvagens poderia criar um mar tão vasto que não pudesse ser vencido, é igualmente verdade que nenhum espírito humano poderia concebê-lo antes de tê-lo percorrido. Somente a alma pode ser considerada mais vasta e profunda que aquele mar sem fim. Conhece teu abismo e saberás de tudo, volto a dizer, uma vez que, contemplando a nós mesmos, contemplamos o mundo; a verdade é que conhecemos de verdade somente aquilo cujo molde nós mesmos criamos.

Se Colombo em pouco mais de um mês atravessara o Atlântico e tocara terra, em qualquer direção para a qual dirigíssemos o olhar, e tendo percorrido em cem dias quatro mil léguas, ainda não havia nada à vista, salvo aquela extensão infinita de água que nos sitiava de todos os lados, sob um céu implacável, sem um fio de nuvem nem de vento, sem nenhum refrigério. Tudo sempre igual a si mesmo, dia após dia. As amarras já secas pelo sol e desfiando, as velas rasgadas, algumas quase em frangalhos. A sensação de termos encalhado num planeta feito só de água, água e mais água. Para não falar da eterna calmaria – foi assim que Magalhães pensou, não sem irritação, em chamar aquele mar traiçoeiro de Oceano Pacífico.

Prosseguíamos sem referências, dispondo de mapas completamente equivocados, e, todavia, atendendo ao instinto que sugeria manter a rota alguns graus mais ao norte para corrigir a bússola, que naquele hemisfério, como direi mais adiante, mentia.

Magalhães não parava de fitar o horizonte circular e imutável, capaz de extenuar até os mais resistentes.

De vez em quando alguma baleia aparecia na superfície, soprava jatos d'água para o alto e depois voltava a imergir entre os respingos. Outras vezes era um bando de golfinhos saltando entre as ondas sem espuma.

— E no entanto deveríamos ver despontarem as terras do Cipango, que pelo que sei encontram-se a vinte graus de latitude — disse um dia nosso comandante, quando ainda nos sentíamos confiantes, estando naquele mar fazia apenas um mês. Ele sonhava encher em breve os porões com o ouro da ilha de Luzon, mas enganava-se. Todos os cálculos de Faleiro e dos principais cartógrafos da época estavam equivocados, repito. Não tínhamos percorrido, na verdade, mais que um terço daquele infinito reino líquido.

No dia seguinte, sempre se enganando, ele disse ainda:

— Daquele lado, a quinze graus, deveria surgir uma ilha riquíssima chamada Sumbdit-Pradit. Alguns a chamam de *Septem Civitatum*, ou *Siete Ciudades*, mas talvez seja só lenda.

— De qual lenda o comandante está falando? — perguntou-me aquela noite Pigafetta, mastigando a última pitada de tabaco que lhe restava, sentado num paiol no castelo de proa.

— Trata-se de uma ilha — interveio Albo — chamada por alguns de Antília, descoberta durante a conquista da Espanha pelos maometanos. Conta-se que, muitos séculos atrás, sete bispos cristãos de origem visigótica se lançaram ao mar junto com uma centena de fiéis, homens e mulheres, e dobrando o Cabo da Boa Esperança foram parar nessa ilha deserta. Nela, depois de incendiar os navios para afastar a tentação de voltar para a pátria, fundaram sete cidades inteiramente de ouro. Seus nomes têm sons exóticos: Aira, Antuab, Ansalli, Ansesseli, Ansolli... as outras não me lembro. Desde então, muitos têm procurado encontrá-la, sem sucesso. Alguns acreditam que nunca tenha existido. Não sei de mais nada, a não ser o fato de que há quem a associe ao lendário Reino de Atlântida.

– Sim, Atlântida – disse Pigafetta. – O continente perdido descrito por Platão.

– Não sei nem quem é esse Platão – disse eu.

Pigafetta sorriu, erguendo os olhos para os céus.

– Um homem que acreditava que todos nós fôssemos só cópias saídas de moldes celestes.

– Não imaginas quanto eu gostaria de encher de pontapés o molde de Magalhães.

Albo olhou-me torto. Já Pigafetta riu com gosto.

– E no entanto Ptolomeu, em sua *Geografia*, sustenta que este mar seja mais estreito que largo.

San Martín aproximou-se com passo leve e, às nossas costas, disse em tom solene:

– Erram os senhores e erra o grande Ptolomeu. De acordo com meus cálculos, este mar é tão vasto que serão necessários outros dois meses para percorrê-lo.

Tinha razão. De fato, passaram-se as semanas, e os víveres agora estavam por um fio. Esgotado o vinho, os biscoitos fervilhavam de vermes e se desfaziam, porque os bichos nojentos tinham comido o miolo. Para não falar do fedor de urina de rato. Os homens os limpavam como podiam e acrescentavam serragem para tornar a refeição mais substanciosa. E começaram a caçar aqueles malditos roedores, que se compravam por meio ducado de ouro e depois eram assados.

Definhávamos a olhos vistos, fracos pela escassez das rações de comida, diminuídas a menos da metade, pelo sol ofuscante, pela água já amarela e pútrida nos barris – exalava um fedor tal que para mandá-la para o estômago era preciso tapar o nariz.

Esperávamos perto da cozinha o som do sininho que anunciava a distribuição da comida com uma secreta esperança, mas a cada vez nosso rancho ficava mais pobre. Um dia um grumete esbarrou no caldeirão, derrubando o caldo ralo à base de feijão e ervilhas podres, que era agora nosso sustento cotidiano, e foi pego a pontapés pelo contramestre, que ao fim ainda lhe desceu uma conchada na cabeça.

Vagávamos pelo convés, inaptos para o trabalho, fitando uns aos outros com uns olhos que nos faziam parecer espectros nórdicos, sempre prosseguindo naquele irritante vazio rumo ao nada mais cruel. Para puxar uma adriça ou esticar uma escota, tínhamos de nos juntar em três. Poucos conservavam as forças para escalar as enxárcias ou subir nos mastros. Um gajeiro de nome Garda teve uma vertigem e caiu do mastro grande, despencando no convés e quebrando o pescoço. Dos porões subia um cheiro adocicado e nauseabundo; procurávamos abrigo à sombra, nos poucos cantos onde era possível encontrá-la e aonde o fedor não chegava. Conseguíamos capturar alguns peixinhos com o anzol, mas só. Apenas Henrique, com seus métodos de índio, era capaz de capturar algum atum ou peixe-espada de tamanho razoável, que nos mostrava com um sorrisinho satisfeito; nós o máximo que conseguíamos era apanhar pequenas douradas ou atuns de pouca substância. Algumas noites os peixes voadores, enganados pela escuridão, vinham se chocar contra as velas ou as pavesadas e acabavam capturados pelos marinheiros, desde que escapassem de Negrito, o gato de Vasquito Gallego, um dos grumetes da *Trinidad*. Alguns dias depois até o gato desapareceu. Vasquito procurou-o por todo o navio, chamou-o por bastante tempo; porém, pelo modo como alguns marinheiros o fitavam e depois viravam as costas, entendeu que podia parar. Mas não encontrou forças para se desesperar.

Reduzidos a beber o orvalho noturno dos mastros e do costado, para complementar o copo diário de água, ainda por cima pútrida, a que tínhamos direito, não tínhamos força suficiente para manter os navios e, em caso de tempestade, não seríamos capazes de controlá-los, ainda mais que nos aproximávamos da linha equinocial e o calor ficava cada vez mais sufocante. *Mais um pouco*, eu pensava, *e ficariam abandonados a si mesmos, como navios fantasmas, com sua carga de cadáveres.*

Alguns chegavam a arrancar os pedaços de couro de boi das vergas dos navios, deixavam-nos de molho na água salgada por quatro ou cinco dias para amolecer e pegar gosto e depois assavam.

Mas uma dieta dessas não é coisa para seres humanos. Alguns ficavam com as gengivas e o palato inchados, os dentes de cima e de baixo caíam, a boca se enchia de chagas; por consequência, não conseguiam comer e assim morriam. Dezenove homens da tripulação pereceram, junto com um índio do Brasil que tinha embarcado, e até mesmo o gigante feito prisioneiro na terra batizada de Patagônia tombou. Seu corpo hercúleo não pôde mais sustentar-se com um regime alimentar daqueles e uma noite desabou no chão para não mais se levantar. Um instante antes de soltar o último suspiro, pediu água e *capac*, ou seja, pão, e depois o crucifixo, que abraçou e beijou várias vezes; por fim, quis ser batizado (chamamo-lo Paulo) e então morreu com os lábios grudados na madeira da cruz. Abençoamos o cadáver e o jogamos no mar. Seu companheiro, que estava a bordo da nau fugitiva, como soube mais tarde, teria entregado a alma ao Senhor com o primeiro calor equatorial.

Vinte e cinco de nós adoeceram, alguns dos braços, outros das pernas, que inchavam, outros de outras partes.

Muitos caíam vítimas de visões. Uns acreditavam avistar ilhas exuberantes em meio à imensidão de água, ricas em frutas e caça; outros, mulheres nuas de seios fartos com grinaldas nos cabelos pretos esvoaçantes.

Mas nada daquilo era real. Eram a fome, a sede e a exaustão a produzir as visões. Muitos ficavam deitados em seus colchões de palha, entre baratas e piolhos, meio desfalecidos, prontos para se entregar. Sem contar que o fantasma de minha mãe continuava me aparecendo, anunciando minha morte, ainda que agora já conseguisse ignorá-lo. Afinal, os fantasmas são reais apenas o tanto que estamos dispostos a permitir que sejam. Parei de acreditar que uma maldição tivesse caído sobre os navios por sua causa. A culpa era unicamente de Magalhães, e de ninguém mais. Pela primeira vez, via as coisas com clareza.

Uma tarde, no tombadilho, tive uma troca de opiniões bastante acalorada com Pigafetta.

— Se o deixarmos prosseguir, morreremos todos.

— Pode ser — respondeu ele. — Mas, no ponto em que estamos, não vejo solução. Além disso, lembras-te do segundo preceito com o qual fui educado? Lealdade.

— Sim. E és um menino bem-educado, não é? Olha em volta. Acha que isso é modo de conduzir uma frota? O que resta dela.

Posei uma mão no ombro dele para sacudi-lo.

— Não tenho muita experiência a respeito — disse ele, endurecendo-se. — Mas posso dizer que o comandante fez todo o possível. E talvez estejamos a um passo da linha de chegada. Ouvi-o dizer que, seguindo o 13º grau de latitude norte, as Ilhas das Especiarias logo aparecerão.

— Ainda achas que este mar infinito nos conduzirá às Molucas?

— Estou mais do que convencido disso.

Disse isso com um tom que não admitia réplica.

Pobre iludido, pensei.

— De uma coisa, porém, tenho certeza — acrescentou. — Uma viagem semelhante não se repetirá jamais.

Ouvimos um ruído de passos, e um instante depois Barbosa veio para cima de nós, blasfemando.

— O que estão conversando em segredo?

— Nada — defendeu-se Pigafetta, corando.

— São namorados? Sabem que a sodomia é proibida nas naus de Sua Majestade. A pena é a forca.

– O senhor está enganado a nosso respeito – disse Pigafetta, horrorizado com tal acusação.

– Vá, corra lá a denunciar ao seu senhor – intervim, enfrentando-o com firmeza. – Mas invente outra, que nessa não dá para acreditar.

– Eu não tenho senhores, só superiores. Como qualquer um aqui. Chama-se disciplina, palavra que, ao que parece, lhe é desconhecida. E trate de pôr freios na língua.

– Senão vai cortá-la? – disse, com frieza.

– *Perro*! Cão de merda! – explodiu ele. – Não é assim que te chamam, na tua terra? Pois vou te espancar como a um cão. – Ergueu o braço para me bater. Porém, antes que pudesse descê-lo contra mim, segurei-o. Sempre tive uma mão firme. Comecei a apertar.

– Solta-me, seu animal! – começou a berrar.

Pigafetta nos apartou com palavras tão sensatas que surtiram um efeito imprevisto em Barbosa. Tanto que não só se deixou dissuadir de qualquer acusação, como até, nos dias seguintes, pareceu ter esquecido o ocorrido. Talvez também porque a briga ocorrera sob o olhar de Henrique, que nos fitava do castelo de popa.

Algumas noites depois acordei de sobressalto. Tinha calafrios e suava. Toquei minha testa e afastei a mão, assustado: ardia como um forno. Não consegui mais fechar os olhos, rolando no colchão de palha entre pensamentos tenebrosos e pesadelos de olho aberto.

Na manhã seguinte estava exausto; quase não consegui me levantar. Sentia uma dor infernal nas gengivas. Olhei-me no espelho. A boca estava em chamas. Os lábios e as gengivas, cheios de bolhas e pústulas. Os olhos, vermelhos. Mal conseguia me aguentar em pé. Quando Pigafetta me viu, ficou espantado.

– Estás muito mal – disse, ajudando-me a me deitar novamente. – Vou dizer que estás doente e que devem te substituir.

Pouco depois voltou.

– Tudo resolvido. Toma um pouco disto – disse, estendendo-me uma xícara fumegante contendo um líquido amarelado.

– Que negócio é esse?

– Um remédio para esse tipo de chaga.

– Onde a pegaste?

– Sssh. Ninguém deve saber. Não teria o bastante para todos. Se não fiquei doente é só porque tomo uma xícara todos os dias.

– De que é feito?

– É uma infusão à base de frutas cítricas e pimentão. Meu avô materno é boticário. Sabendo que estava me preparando para partir, enviou-me uma caixinha de fármacos e extratos. Muito úteis, como vês.

– Sempre cheio de recursos, hã?

– Vamos, pega e bebe – disse, entregando-me a xícara.

Obedeci como faria um menino com sua mãe.

– É bom, tem gosto de cidra. Com um amargo no fundo.

Pigafetta assentiu.

– E agora – disse, sorrindo – quero saber por que te chamam de *Perro*. Vamos. Acho que o mereci.

Sorri e, ainda que entre mil sofrimentos, reuni forças.

– Senta-te. Agora te contarei tudo, ainda que não seja fácil... Anos atrás, na minha terra, o número de cães vira-latas estava aumentando mês a mês. Ninguém sabia por quê. As pessoas estavam começando a ficar com medo. Quem andava sozinho pelos campos corria o risco de ser atacado. Além do mais, alguns daqueles cães estavam infectados. Tinham raiva. Quem era mordido adoecia e na maioria das vezes morria em meio a um sofrimento atroz. Assim, um dia ofereceram a mim e a alguns amigos uma recompensa por cada cão que abatêssemos. Tínhamos entre 15 e 16 anos. Pois bem: em alguns meses, no campo atrás do matadouro público se amontoaram as carcaças de uma centena de cães. Um massacre. Usávamos dois métodos: o veneno e a espada. Mas um dia fui imprudente e um cão infectado me mordeu. Passei quase um mês à beira da morte. Diziam que muitas vezes eu rosnava, contorcendo-me na cama. E recusava água, alegando que fedia.

Não sei se era verdade. Mas era o que diziam. Minha mãe cuidava de mim dia e noite, com os olhos cheios de lágrimas. Meu pai trouxe médicos de toda parte, dilapidando tudo que tínhamos, mas não houve nenhum sinal de melhora. Recorreu até a um tal Ermino, que pertencia à irmandade dos *Saludadores*, uma seita de curandeiros que andavam de cidade em cidade oferecendo proteção contra a raiva. Diziam-se dotados de poderes derivados diretamente de Deus e afirmavam serem capazes de anular os efeitos da mordida por meio da saliva ou da respiração. Naqueles anos a Inquisição começara a considerá-los hereges e a mandar prendê-los. Mas alguns deles tinham escapado da captura e continuavam e exercer sua arte clandestinamente. Esse velho charlatão veio à nossa casa e borrifou minha ferida com sua baba fétida. Obviamente não serviu de nada. Meu pai se recusou a pagar e expulsou-o a pontapés. Uma noite sonhei que me transformava num cão raivoso. Disseram, mas eu duvido, que fiquei uivando por muito tempo, banhado em suor e com um febrão de dar medo. Os tremores faziam a cama balançar. Porém, ao amanhecer, não se sabe como, a febre tinha passado e consegui me levantar. Em uma semana pude me dizer curado. Mas a história da minha doença e o milagre da minha cura começaram a circular, e desde então todos me chamam de *Perro*.

– Que história! – exclamou Pigafetta. – O que não entendo é o porquê de tanto mistério.

– Deixemos para lá – disse eu. – Há um detalhe que não te contei e que deve permanecer em segredo. Até para ti.

– Está bem. Se não confias... – disse Pigafetta, com um olhar triste. – Descansa. Volto mais tarde para ver como estás.

Temi tê-lo ofendido. Não tinha sido capaz de contar-lhe que durante a doença mordera minha mãe, que ela adoecera e em poucos dias morrera. Assim tinham-me feito crer. Não tinham deixado nem que eu a visse. Naquela época meu pai tinha o hábito de culpar-me por tudo. Não gostava de mim e não perdia uma oportunidade para me lembrar disso. Aquela acusação hoje me parece totalmente inverossímil, mas à época era só um menino. E além disso, desde o dia de sua morte, não parava de ver minha mãe por toda parte. Em meio à multidão da feira, nos bosques, e até nos prostíbulos. *Ou aprendes a enfrentar os fantasmas ou te tornas um fantasma!* Dizia isso a mim mesmo para me encorajar. E pareceu funcionar: por alguns anos as aparições cessaram. Mas havia algum tempo, não sei por que razão, tinham recomeçado.

De qualquer forma, a poção de Pigafetta funcionou bem, ainda que por alguns dias parecesse ter piorado, a ponto de padre Valderrama vir me dar a extrema-unção, enquanto os companheiros me olhavam como se olha quem está para morrer. Foi depois de uma semana que começou a melhora. E finalmente vi no rosto do meu amigo o sorriso de alívio, como se até ele tivesse começado a duvidar. Quem me dava por acabado mal pôde acreditar. Foi considerado mais uma vez um milagre.

Depois de uns dez dias voltei ao trabalho.

De longe, Pigafetta continuava de olho em mim, como um bom anjo da guarda.

Uma tarde, era 21 de janeiro, veio da gávea o grito tão esperado:

– Terra!

– Rápido, o bote! – gritou Barbosa, num acesso de vitalidade.

Mas não passava de uma ilhota de rochas escuras, com árvores sem frutas e alguns passarinhos mirrados, nada mais. Nem uma gota de água doce. Encontrava-se a quinze graus de latitude austral. Depois encontramos outra, semelhante, a duzentas léguas de distância, a nove graus: as primeiras nesgas de terra que encontrávamos depois de muito tempo. Por todo lado nadavam dezenas de tubarões famintos, e não se pôde atracar. Batizamos as duas de Ilhas Desventuradas.

– Este oceano é deserto e vai acabar nos engolindo – profetizou Andrew, o colosso de Bristol, que pelo longo jejum parecia uma árvore dobrada pelo vento.

Alguns dias depois, como que para cumprir ou realizar a própria profecia, acabou caindo na água devido a uma insolação e não foi mais possível encontrá-lo, provavelmente devorado pelos tubarões.

Todo dia cobríamos de cinquenta a setenta léguas à bolina ou em popa. E acima de nós, à noite, o céu parecia feito de estrelas bem menores e reunidas em grupos, como duas grandes nuvens separadas uma da outra e um pouco ofuscadas, em meio às quais ficavam duas estrelas brilhantes. Uma noite vimos bem na direção do poente cinco estrelas equidistantes uma da outra, como se formassem um grupo; juntas, explicou-nos Pigafetta, eram chamadas de Cruzeiro do Sul.

Como o ímã da bússola puxava com mais força na sua direção usual do que quando está no nosso hemisfério, os pilotos tinham que corrigir a rota traçada calculando o desvio.

O almirante perguntava constantemente aos pilotos:

– Que direção estamos seguindo?

E eles respondiam:

– Aquela traçada nos mapas, mas com a correção que o senhor sabe.

Navegamos longamente entre o poente e o mistral,[25] até que chegamos à linha equinocial, distante 120 graus da linha de demarcação.

Os mastros estalavam, o cordame estava se desfiando e corria o risco de se romper, as velas gastas custavam para segurar o vento.

Passado o Equador, navegamos ainda entre aqueles ventos e na quarta de poente em direção ao mistral, depois duzentas léguas para o poente, mudando a rota para a quarta de sudoeste até treze graus sul, para nos aproximarmos do Cabo Catigara.[26] Ou pelo

---

[25] Poente e mistral: ventos do oeste e do noroeste, respectivamente, e as direções correspondentes na rosa dos ventos. [N.T.]

[26] Catigara: cidade misteriosa que aparece nos mapas do geógrafo grego Ptolomeu. [N.T.]

menos assim acreditávamos, mas ainda uma vez mais estávamos errados, sem querer ofender os cosmógrafos que ali o previam.

No 122º dia, depois de cerca de setenta léguas ao longo daquela rota, aos doze graus de latitude e cento e quarenta e seis de longitude, algo de inesperado aconteceu quando já ninguém ousava esperar.

Começamos a notar tufos de grama flutuando na água, fragmentos de madeira desconhecida e aves de espécies terrestres em voo sobre as nossas cabeças. Sinal de que a terra devia estar próxima, o que reacendeu as esperanças e encorajou aqueles que ainda tinham mais força. Mas a maior parte não encontrou sequer energia para vir conferir com os próprios olhos.

Finalmente, numa quarta-feira, 6 de março de 1521, dia que recordarei enquanto viver, veio do cesto da gávea o ansiado grito:

– Terra! Terra!

Dessa vez de verdade.

Uma ilha a mistral, pequena, e duas mais adiante. A maior e mais alta das três atraiu a atenção do comandante, que queria atracar para buscarmos algum refrigério. Entramos na baía. Dezenas de canoas estreitas, de todas as cores, estabilizadas por uma barra transversal e impulsionadas por um vento de poente que soprava sobre as folhas de palmeira que serviam de velas, saíram com rapidez das margens da baía na qual estávamos prestes a entrar e deslizaram ligeiras na nossa direção, mostrando cestas de peixes e frutas. Os selvagens que as conduziam andavam todos nus e alguns tinham longas barbas e chapéus de palma. De pele morena, embora os mais jovens fossem um pouco mais brancos, tinham os dentes pintados de preto e vermelho. Também havia mulheres entre eles, nuas também, exceto por uma estreita tira feita de casca de árvore sobre o púbis. Tinham carne mais branca e delicada, e cabelos escuros e longuíssimos que chegavam até o chão. E todos riam sem parar. Como timão utilizavam umas pás semelhantes às de forno, com um pedaço de madeira em cima, e sem dificuldade faziam da popa proa e vice-versa, conforme a necessidade. Quando remavam, seus barcos pareciam golfinhos saltando de onda em onda.

Foi então que uma miríade de indígenas nus como macacos e sorridentes escalou o cordame e subiu a bordo. Sem se preocupar conosco, começaram a saquear tudo que lhes caía nas mãos: baldes, panelas, pedaços de cabos, pano para as velas. Qualquer coisa que não estivesse presa. Ninguém opôs resistência, exaustos e aturdidos como estávamos.

Alguns dos selvagens, cortando o cabo que o prendia, apropriaram-se até de um bote da *Trinidad* que estava amarrado na popa e com ele fugiram pelo mar, entre gritos de festa.

Informado a respeito, Magalhães ordenou que dirigíssemos os navios para longe da costa, para evitar novos assaltos noturnos, e no dia seguinte, assim que amanheceu, formou uma esquadra composta pelos poucos marinheiros ainda com forças, a quem deu a tarefa de recuperar a embarcação, sem deixar de dar uma lição aos selvagens.

Conseguimos reunir uns quarenta homens armados. Desembarcamos na praia arenosa e começamos a disparar com arcabuzes e bestas. Os índios não estavam armados, nem pareciam possuir objetos concebidos para ferir. Ficavam ali estupefatos e imóveis recebendo nossos tiros, sem reagir. Quando uma flecha de nossas bestas penetrava seus corpos, trespassando-os de um lado ao outro, faziam uma careta de dor e depois olhavam incrédulos para as duas extremidades, a da pena e a pontiaguda, e tentavam puxá-la por um lado ou pelo outro, dando a impressão de não compreender o que estava acontecendo. O mesmo ocorria quando uma flecha se alojava em seu peito. De tanto puxar arrancavam-na e depois morriam num banho de sangue. Abatemos sete em poucos instantes e logo os vimos fugir em todas as direções – homens, mulheres e crianças –, abandonando a aldeia para procurar refúgio na mata fechada.

Em represália, incendiamos umas cinquenta cabanas e matamos todos que ainda estavam ao alcance.

Depois daquele massacre, saqueamos arroz, peixe seco, galinhas, porcos, frutas, jarros de vinho de palma e água fresca. Levamos tudo a bordo, não sem antes incendiar dezenas de canoas.

Decidimos batizar aquele pequeno atol com o nome de Ilha dos Ladrões. Não tenho ideia, porém, de qual nome nos tenham atribuído, depois do massacre. Como soube mais tarde, antes de terem contato conosco, acreditavam que só existissem eles no mundo. Nossa aparição deve ter representado um evento realmente perturbador.

Quando viramos a proa para irmos embora, vieram atrás de nós com centenas de barquinhos por mais de uma légua. Aproximavam-se do costado dos navios, mostrando peixes e frutas para nos atrair para a armadilha e, assim que ficávamos ao alcance, atiravam saraivadas de pedras na nossa direção e depois fugiam. Eram ligeiros para cercar os navios, aproximando-se dos botes rebocados, tanto que ficamos com medo de que pudessem roubar algum deles. Víamos também algumas mulheres a bordo dos barquinhos, gritando e puxando os cabelos, talvez porque tivéssemos matado seus homens. Tudo isso continuou até que finalmente abrimos distância suficiente deles.

Quando encontramos um ponto de atracação fora de seu alcance, ancoramos e nos concedemos uma parada de três dias numa enseada segura.

Ali os enfermos puderam curar-se e restaurar-se, sobretudo com frutas e leite de coco, remédio este último que parecia muito regenerante. Magalhães vinha com frequência verificar o estado de saúde dos marinheiros e perguntava do que precisávamos.

Os que estavam em pior estado pediam que voltássemos até os selvagens para matar alguns deles e tirar suas entranhas – acreditavam, conforme usanças de suas terras, que as comendo melhorariam.

O almirante balançava a cabeça, contendo um gesto de horror, e procurava consolá-los como podia.

Recuperadas um pouco as forças, retomamos o caminho do mar.

Alguns, apesar de tudo, não resistiram e bateram as botas. Ainda assim, parecia-nos que o pior tinha passado. Quando, uma semana depois, para ser preciso ao amanhecer do sábado, 16 de março, percorridas trezentas léguas, surgiram diante de nós as ramificações de um vasto e exuberante arquipélago, acreditamos ter chegado ao nosso destino.

– Segundo meus cálculos – afirmou Magalhães, fitando à sua frente com os olhos apertados –, aquelas devem ser as Molucas.

Estava tão convencido disso que convocou imediatamente seu escravo para obter uma confirmação.

Henrique examinou o horizonte, pareceu farejar como um sabujo, depois sacudiu a cabeça, não reconhecendo o ar de sua casa.

A situação era bem diferente, como logo descobrimos.

A ilha maior, à nossa frente, parecia convidativa, mas Magalhães, com a habitual prudência, fez-nos rumar para uma faixa de terra que surgia um pouco afastada, bem menor e aparentemente desabitada. O comandante batizou aquelas terras de Ilhas de São Lázaro, pelo santo daquele dia no calendário. Hoje são conhecidas como Filipinas.

Atracamos numa baía tranquila em forma de arco, diante de uma praia atrás da qual se estendiam bosques cheios de frescor. E ali erguemos duas tendas para alojar os feridos e dar descanso à tripulação.

Mas não ficamos muito tempo sozinhos. Dois dias depois, segunda-feira, 18 de março, logo após o almoço, eis que se aproxima uma canoa carregada de ânforas e cestas de peixes e de frutas, com nove selvagens de jeito manso a bordo.

Nada mal como boas-vindas. Mas será que devíamos confiar?

O capitão-general levou a bordo cinco deles e, como pareciam razoáveis, convidou-os para almoçar. Ofereceu-lhes de presente gorros vermelhos, além de espelhos, pentes e chocalhos. Eles retribuíram com peixe fresco, figos, cocos e um vaso de vinho de palma, que chamavam de *uraca*. Fizeram sinal que não tinham mais nada e que voltariam depois de quatro dias.

O capitão-general mostrou a eles uma amostra do que estávamos procurando: cravos-da-índia, canela, noz-moscada, pimenta, macis, ouro – todas mercadorias que tínhamos armazenado anteriormente no porão. Então nos apontaram a direção das ilhas onde poderíamos encontrar aquelas mercadorias. Disseram-nos que a ilha na qual desembarcáramos chamava-se Humunu, e aquela da qual vinham, Suluan. Esta última não era assim tão grande.

Dissemos a eles que tínhamos rebatizado a ilha na qual nos encontrávamos de Aguada, pela abundância de água que encontráramos ali. Riram muito, até demais.

Antes de partirem, para impressioná-los, o capitão-general mandou descarregar algumas bombardas; ficaram com tanto medo que queriam saltar dos navios.

Parecera bom oferecer logo uma amostra do nosso poder.

O PRESENTE COSTUMA TRATAR O PASSADO com a mesma negligência com que o futuro trata o presente. E a eternidade está toda guardada no instante. Por isso Magalhães se esforçara para nunca negligenciar nada em seu modo de conduzir as coisas. Naquele dia, dera a ordem de atracar na pequena enseada que se abria diante de nós: depois de tantas dificuldades, desejava evitar qualquer contato com os indígenas, caso fossem beligerantes. Era necessário, antes de enfrentar um conflito, recuperar as forças.

Entretanto, como eu dizia, o plano não deu certo. Quatro dias depois da chegada daquela primeira canoa, como prometido, vieram à enseada, por volta do meio-dia, outras duas canoas carregadas de cocos, laranjas doces, um vaso com vinho de palma e um galo.

Trocamos tudo por facas, machados, espelhos e colarzinhos. O chefe deles era um velho pintado que usava brincos enormes, pulseiras de ouro e um lenço de seda na cabeça.

O leite de coco era um santo remédio, e muitos, nutrindo-se dele, curaram-se das chagas. Ou talvez não tenha sido por isso. O fato é que em pouco tempo toda a tripulação se restabeleceu de corpo e espírito. O almirante ia e vinha do navio para a terra firme para visitar os enfermos.

Todo dia os indígenas atravessavam o pequeno trecho de mar que nos separava de sua ilha para nos levar provisões em troca de nossas mercadorias.

Esses povos eram *cafres*, ou seja, gentios, e andavam nus, com tecidos feitos de casca de árvore ou de algodão em volta das vergonhas. Eram morenos e gordos, com o corpo pintado e untado com óleo de coco para se proteger do vento e do sol. Tinham cabelos pretíssimos até a cintura, e adagas, facas, lanças de ouro e escudos; para pescar usavam fisgas, arpões e redes semelhantes às nossas.

Uns dez dias depois, Magalhães, tranquilizado pelas excelentes condições de saúde da tripulação, decidiu voltar ao mar seguindo a direção indicada pelo chefe dos indígenas.

Estávamos navegando havia dois dias quando da *Trinidad*, da qual nos mantínhamos muito próximos, subiu aos céus o grito:

– Homem ao mar!

Vi alguns marinheiros correndo a estibordo e baixando uma corda. Pigafetta tinha acabado na água e, não tendo nunca aprendido a nadar, debatia-se. Foi prontamente socorrido. Um susto, nada mais, e no entanto se salvara por milagre, pois tinha conseguido, ao cair, agarrar a escota da vela grande, que por puro acaso pendia para fora do navio; agarrando-se nela, gritara até não poder mais.

A todos contou que tinha tropeçado numa verga enquanto pescava com o anzol, precipitando-se no mar, mas mais tarde me confessou que as coisas tinham ocorrido de forma bem diferente: alguém o empurrara para a água enquanto ele se inclinava do pavês. Quem poderia lhe querer mal? Jurei a mim mesmo que faria de tudo para descobrir.

No mesmo dia, rumando entre o poente e o libecho, passamos entre quatro ilhas chamadas Cenalo, Huinangan, Ibusson e Abarien. Em 28 de março, chegamos diante da costa de uma ilha com aparência de fartura, a cerca de 25 léguas de Aguada. Topamos com uma canoa de pescadores, ali chamada de *boloto*, tripulada por oito homens. Aproximava-se do navio, mas ainda mantinha alguma distância.

O almirante desceu um gorro vermelho e outros presentes em cima de uma tábua para vencer o medo deles.

– Como se chama esta ilha? – perguntou-lhes, com a ajuda de gestos. Mas eles não compreenderam.

Mandou chamar Henrique e disse:

– Fala tu.

– Onde estamos? – perguntou ele na sua língua, ao que um dos pescadores respondeu:

– Esta ilha se chama Massana.

– Vejo que se entendem! – disse Pigafetta, estarrecido.

– Com certeza – disse o malaio, sorrindo com todos os dentes. – Falam uma língua parecida com a minha.

Pigafetta deu-lhe um tapinha no ombro:

– O comandante tinha razão. Se consegues compreendê-los, significa que chegamos ao destino. E és o primeiro homem a completar a circum-navegação do globo, meu caro!

Henrique tinha ficado branco. Seus lábios tremiam. Estava todo contraído. Um vento selvagem parecia lhe soprar por dentro. Provavelmente um dia acordaríamos de manhã e não encontraríamos mais traço dele.

– Isso confirma de uma vez por todas – acrescentou Pigafetta – que a Terra é uma esfera e que, seguindo em linha reta, mais cedo ou mais tarde chega-se de volta ao ponto de partida.

Mas Henrique não o estava escutando. Para ele eram palavras vazias. O que o inflamava era saborear de novo o ar de casa. Não exatamente a casa dele, para dizer a verdade, mas algo semelhante, que estava a um passo disso.

Uma coisa era certa: não devia faltar muito para as Molucas.

Pouco depois, avisados por aqueles primeiros, chegaram dois *balangués* (os barcos de transporte e de habitação deles), cheios de homens. Seu chefe se abrigava embaixo de um dossel de esteiras.

Henrique falou com ele e, como os reis daqueles lugares sabem mais línguas que os outros, ele entendeu tudo. Mandou então que alguns dos seus subissem a bordo da almiranta, enquanto ele ficaria no *balangué*, a pouca distância. Magalhães encheu-o de presentes, e o rei, antes de partir, quis retribuir com um lingote de ouro. O comandante, embora agradecendo, recusou.

À noite aproximamo-nos com o navio da enseada e no dia seguinte, que era Sexta-Feira Santa, Magalhães mandou Henrique em terra para perguntar ao rei se tinha comida para nos vender; o rei veio com seis homens e subiu à nau capitânia. Ali abraçou longamente o almirante e presenteou-o com três vasos de porcelana cheios de arroz e duas douradas assadas e salpicadas de gengibre.

O capitão-general deu ao rei uma túnica de tecido vermelho em estilo turco e um gorro de pano fino da mesma cor. E aos que o acompanhavam, facas e espelhos. Em seguida mandou servir a comida e disse que queria ser seu irmão de sangue. E assim foi. Mostrou-lhe depois a mercadoria no porão e mandou disparar os canhões para impressioná-los.

Muitos deles ficaram morrendo de medo e fizeram menção de fugir. Mas Magalhães explicou que eram sinais de paz e de amizade. Depois ordenou a Espinosa que vestisse a armadura completa e com ela desafiasse os guerreiros mais valentes, incitando-os a atacá-lo com suas lanças de espinha de peixe e suas flechas de osso – assim daria prova da invulnerabilidade dos soldados do rei da Espanha.

O rei estava fora de si de alegria. Disse que um daqueles homens de armadura valia por cem de seus guerreiros.

Henrique, de iniciativa própria, respondeu que nos navios havia cem homens prontos para se armar daquela maneira.

O comandante mostrou as couraças, as espadas e os escudos e mandou um de seus guerreiros colocar o elmo na cabeça. Depois levou-os até a tolda, mandou trazerem sua carta de navegação e a bússola e mostrou ao rei o estreito pelo qual tínhamos passado, explicando como o havíamos encontrado e contando quantos dias ficáramos no Pacífico sem ver terra. Este se mostrou muito impressionado.

O rei, que se chamava Calambu, pediu permissão para que dois de nós o seguíssemos em terra. Magalhães consentiu. Eu e Pigafetta fomos voluntários.

Quando chegamos ao destino, Calambu ergueu as mãos ao céu e virou-se para nós; imitamos o gesto e os outros fizeram o mesmo. O rei pegou minha mão e um outro pegou a mão de Pigafetta. Levaram-nos para debaixo de um dossel de bambu dentro de um *balangué* com oitenta palmos de comprimento. Sentamo-nos na popa, sempre conversando por sinais. Seus guerreiros ficavam à nossa volta com espadas, adagas, lanças e escudos. O rei mandou trazer um prato de carne de porco e um vaso cheio de vinho. A cada bocado de carne, tomávamos uma taça da bebida, conforme o costume. O vinho que sobrava era despejado numa grande tigela. Somente ao rei era permitido beber de sua taça, mas ele me concedera o privilégio de servir-me dela. Antes de pegá-la, ele erguia as mãos unidas para o céu e para nós e esticava o punho esquerdo na minha direção, tanto que no começo achei que queria me bater; depois bebia. O mesmo fazia eu, imitando-o. Com estes e outros gestos de amizade, almoçamos.

Era Sexta-Feira Santa e deveríamos nos abster da carne de porco, porém não era possível recusar. Por isso, enquanto mastigávamos, em nossos corações expiávamos.

Antes que chegasse a hora do jantar, ainda demos ao rei muitas coisas que trouxéramos conosco. Num canto, Pigafetta divertia-se a transcrever no caderno as palavras da língua deles para depois repeti-las, deixando-os atônitos.

Era fácil conquistar os corações e as mentes daquela gente simples e mansa, amante do ócio, da tranquilidade e da moderação acima de qualquer coisa. Andavam nus como animais e todos pintados, exceto por um pedaço de tecido sobre as vergonhas. Eram grandes bebedores e suas mulheres tinham cabelos compridos e muito pretos que iam até o chão, e orelhas furadas e cobertas de ouro.

Chegou a hora do jantar. Trouxeram dois grandes pratos de porcelana, um cheio de arroz e o outro de carne de porco com seu caldo. Quando terminamos de comer, fomos ao palácio do rei, que consistia numa cabana de feno prensado com um teto de folhas de figueira e de palmeira.

Sentados numa esteira de junco, de pernas cruzadas, ainda nos foram servidos, em tábuas de madeira, peixes de carne branca assados e salpicados com gengibre recém-colhido, além de vinho de palma. Como se já não tivéssemos comido.

Veio o filho mais velho do rei, o príncipe herdeiro, e juntou-se a nós. Foram trazidos outros pratos de peixe, caldo, especiarias e arroz, e comemos junto com o príncipe. Eu bebi tanto que logo fiquei embriagado a ponto de não parar em pé. Pigafetta soubera se comportar de modo mais prudente e ainda se mantinha firme nas pernas.

O rei disse que desejava recolher-se e deixou-nos com o príncipe. À luz de uma lanterna de *anime*, que é a borracha extraída de uma árvore e enrolada numa folha de palmeira, entre as risadas dos selvagens que se divertiam um monte vendo-me cambalear e vomitar, precisei deitar-me numa esteira de junco, repousando a cabeça, que doía e latejava, sobre um travesseiro de folhas.

O príncipe ficou para dormir conosco.

No meio da noite, um barulho me acordou. Quando se repetiu, levantei-me num salto, tomado pela inquietação. Vesti o calçado, saí da cabana com uma tocha e, passando um par de construções retangulares com teto de palha, embrenhei-me na floresta. Silêncio por todos os lados, quebrado apenas pelo *cric crac* da folhagem seca sob meus pés, e uma umidade que penetrava até os ossos. Caminhei bem uma meia hora, quase em estado de transe. De repente, ouvi um *tum tum* de tambores. Fui naquela direção. Distingui o que me pareceu o clarão de uma fogueira e vi uma coluna de fumaça esbranquiçada erguendo-se acima da copa das árvores. Pouco depois saí numa clareira, em cujo centro havia uma silhueta baixa e alongada, que se movia lentamente: alguma coisa viva. Enquanto me aproximava com cautela, iluminando os arredores com a chama, ouvi um leve ruído vindo da escuridão. De repente, o ruído explodiu num rugido. Assustado, vi que se tratava de um tigre. Seus olhos de âmbar amarelo trespassaram-me como setas. Virei-me num salto e, com a tocha na mão, pus-me a correr o mais rápido que podia. De vez em quando me virava para conferir se o animal estava me seguindo, mas não conseguia distingui-lo.

O barulho dos tambores não tinha cessado; pelo contrário, parecia ter-me entrado nos ouvidos, invadindo meu cérebro, retumbando dentro dele. Eu prosseguia ao acaso, tendo perdido o senso de orientação. Parei ofegante diante de uma árvore de tronco recurvado que subia para o céu como uma escada. Podia ser minha salvação. Subi nela, engatinhando pelo tronco e seguindo depois por uma de suas ramificações, ao longo de um galho que parecia suficientemente robusto para aguentar meu peso. Não era fácil abrir caminho entre a folhagem, especialmente segurando a tocha.

Justamente quando estava me sentindo em segurança, ouvi um rugido. Virei-me. O tigre, enorme, estava atrás de mim, e avançava mostrando as presas cintilantes. Tentei espantá-lo agitando a tocha diante de sua bocarra, mas sem sucesso. Tentei fugir avançando pelo galho, mas logo senti um pé sendo puxado. Uma dor lancinante. O estrondo dos tambores subia altíssimo no céu, por pouco não me rasgava o coração ao meio. A folhagem começou a girar num vórtice, minha vista se enevoou; o tigre começara a devorar meu pé direito, com calçado e tudo. Bati várias vezes em sua cabeça com a tocha, mas ele não queria saber de soltar. Engolido o pé, estava subindo pelo tornozelo, pela panturrilha, como se os sugasse, insaciável. Mais um pouco e me devoraria inteiro. Pensei em minha mãe. De repente o galho quebrou e nos precipitamos os dois de uma altura considerável. Quando toquei o chão... Reabri os olhos e comecei a bater freneticamente as pálpebras.

Estava sentado num tapete de folhas, coberto de suor, com o coração martelando no peito. Despontavam as primeiras luzes da aurora. Estava do lado de fora da cabana, todo empoeirado, como se tivesse rolado no chão. Toquei atrás da cabeça, onde tinha despontado um galo. E sentia uma dor danada no traseiro e no quadril direito. Levantei-me, cambaleando. A pouca distância, aos pés de uma mangueira, notei uma meia dúzia de cacatuas mortas, com o crânio esmagado, as penas e a crista manchadas de sangue. Subiu-me uma sensação de náusea. Afastei-me alguns passos, dando as costas àquele espetáculo macabro. Depois de bater as mãos nas roupas para dar uma limpada, voltei para a cabana e entrei na ponta dos pés. Pigafetta roncava placidamente em sua cama. Já o príncipe estava acordado e, iluminado por uma tocha, fitava-me com um sorrisinho torto. Lembro-me de ter pensado: *devem ter-me drogado*. Deitei-me como estava mesmo, sem nem tirar os calçados, e fingi cair no sono imediatamente e roncar. De repente o príncipe se levantou e foi em direção à porta. Sua sombra gigantesca pousou sobre mim por um momento. Cuidando para não ser descoberto, segui-o com o canto do olho, sentindo-me bastante aliviado assim que ele saiu.

Esperei que Pigafetta acordasse para contar-lhe tudo. Mas depois pensei melhor. Não sabia por onde começar. Acabei falando de outra coisa.

Com o sol já alto, o rei veio e nos surpreendeu urinando nos fundos da cabana. Esperou que terminássemos. Depois, mostrando uma fileira de dentes branquíssimos, pegou-nos pela mão e nos levou ao seu *balangué* para o desjejum. Mas não foi possível, pois um navio chegou para nos buscar. À luz do dia, as coisas tinham retomado seu curso e eu não via a hora de voltar a bordo.

Antes de partirmos, Calambu, cheio de alegria, beijou nossas mãos e nós beijamos as dele. Seu irmão, que era rei de outra ilha, quis acompanhar-nos até os navios junto com três guerreiros. O capitão-general acolheu-os com cordialidade, convidou-os para almoçar e deu-lhes muitos presentes.

Mais tarde, o irmão começou a nos contar com uma voz animada as inúmeras lendas de sua ilha. Falou-nos também do fato de nela haver jazidas de ouro em abundância, das quais afloravam pepitas do tamanho de nozes e de ovos. E de fato todos os vasos cheios de vinho eram de ouro, assim como boa parte dos móveis de sua casa. Tratava-se de um homem bonito, muito asseado e organizado. Tinha cabelos muito pretos até os ombros e um véu de seda na cabeça, dois brincos grandes inteiros de ouro maciço e um pano de algodão trabalhado que o cobria da cintura até os joelhos. De um lado, uma adaga de punho comprido, também de ouro, e a bainha de madeira decorada. Tinha dentes do mesmo metal e cheirava a ben-joim. A pele era morena e toda pintada. Chamava-se Siain e sua ilha, Mindanao; seus portos principais eram Butuan e Calagan.

No domingo, 31 de março, dia de Páscoa, estava tudo pronto para celebrar a missa. O rei Calambu passeava todo vaidoso com seu traje à turca que lhe déramos de presente, mastigando, assim como seus súditos, um fruto chamado areca, que deixava a boca toda vermelha. Estavam convencidos de que, se parassem de mas-tigá-lo, morreriam. Magalhães e os oficiais vestiam suas melhores roupas. Com eles, cinquenta homens da tripulação sem couraças, mas bem armados. No altar montado com uma mesa de madeira erguia-se uma cruz. Ao redor amontoavam-se a tripulação e cen-tenas de índios tomados pelo encanto. Foram descarregadas seis bombardas em sinal de paz. Os canhões dispararam uma salva de artilharia, sob o olhar enfeitiçado dos selvagens, que, cada vez mais numerosos, diante de tamanha demonstração de poder, aproximavam-se do altar e imitavam nossos gestos, inclinando-se para beijar a cruz.

Com aquela encenação, sem derramar uma gota de sangue, Magalhães conquistara para o rei da Espanha um novo, ainda que minúsculo, aliado. E ceifara centenas de conversões. Assim parecia.

Aqueles festejos, explicou-se a Calambu e a seus dignitários, eram também a ocasião para celebrar os pactos de amizade firmados entre a Espanha e seu povo, que agora podia ostentar o título de súdito de Sua Majestade, o rei Carlos.

Ele assentiu, sinceramente impressionado por aquelas palavras, mas entendendo bem pouco.

Alguns marinheiros improvisaram uma dança com espadas que deleitou o rei.

Magalhães mandou trazer uma cruz com os pregos e a coroa e explicou a Calambu que era o estandarte que, por vontade do Imperador seu senhor, ele fincaria como seu sinal em qualquer terra que tocasse. Quando viessem outros navios, entenderiam que aquelas terras eram habitadas por povos amigos da Coroa Espanhola.

Disse que o lugar ideal era no topo do monte mais alto da ilha, de modo que todos a vissem e a adorassem. Aquela cruz, acrescentou, protegeria das calamidades tanto o rei quanto seus súditos.

Depois perguntou a Calambu se eram mouros ou gentios, ou em que acreditavam. O rei respondeu que não adoravam nenhum deus exceto o céu, que chamavam de Abba.

Comovido e esperançoso de poder convertê-los definitivamente, Magalhães abraçou os dois reis e perguntou se tinham inimigos, pois poderia ajudar a derrotá-los. Eles responderam que tinham, mas que aquele não era o momento de entrar numa guerra.

Magalhães sorriu. E eu também, ainda que por razões diferentes.

– Quando voltar – disse –, virei com muitos soldados e ajudarei a subjugar todas as ilhas do arquipélago.

Os dois agradeceram, espantados.

Magalhães se despediu para o almoço, lembrando que era seu desejo ir à tarde fincar a cruz no monte que eles indicassem.

Disseram-se prontos para acompanhá-lo, depois trocaram abraços e se despediram.

Terminado o almoço, o almirante voltou com alguns homens, incluindo este que vos fala. Subimos com os dois reis, sob o sol do meio-dia, até o topo do monte mais alto. Chegando ao cume, o capitão-general mandou fincar a cruz e lembrou, todo exultante, quanto aquela presença os beneficiaria. Perscrutando o horizonte, perguntou quais portos seriam mais adequados para conseguir provisões, e responderam esticando o braço e apontando-os; eram três: Ceilão, Cebu e Calagan. Mas Cebu era o maior e o mais movimentado, disseram. Imediatamente ofereceram dois pilotos capazes de guiar-nos até lá.

Magalhães, como nos explicou mais tarde (e de resto dava para ler em seu rosto, pelo jeito que não parava de abarcá-las todas com o olhar cheio de cobiça), pretendia subjugar as ilhas daquele rico arquipélago antes de voltar ao mar rumo às Molucas. Para alcançar o objetivo, propunha-se a estabelecer pactos com os chefes tribais e os reis das ilhas maiores. Quando, porém, se deu conta de que tal empresa levaria meses, decidiu seguir por um caminho mais curto e frutífero. Pediria para indicarem a ilha governada pelo rei mais poderoso; subjugando-o, por consequência natural subjugaria os demais. Esse era o plano.

Depois de beijar a cruz, Magalhães agradeceu, rezou um *Pater Noster* e uma *Ave Maria*, imitado pelos dois reis, depois descemos todos pelos campos lavrados e voltamos ao *balangué*, para onde Calambu mandou levar cocos em abundância para que nos refrescássemos.

Magalhães perguntou quando teria à disposição os pilotos, porque na manhã seguinte tinha a intenção de partir, mas Calambu nesse ínterim mudara de ideia. Disse que nos guiaria ele mesmo;

porém, era necessário esperar dois dias para terminar a colheita do arroz, e pedia homens dos navios para o ajudarem nisso. Entretanto, naqueles dias de colheita, comeu e bebeu tanto que dormiu um dia inteiro, de modo que foi necessário adiar a partida para 4 de abril, esperando que recuperasse as forças.

Nesse período, vieram muitos homens fazer negócios. Alguns ofereceram ouro em pepitas, outros um lingote de ouro puro do tamanho de uma melancia, pelo qual pediam em troca um colarzinho de pérolas falsas. Magalhães se opôs àquela troca para não dar a impressão de que subestimássemos nossas mercadorias.

Nos momentos livres, eu e Pigafetta fomos várias vezes hóspedes do filho do rei, que nos levou para conhecer a ilha, mostrando-nos o que tinha de mais notável a oferecer. Comportava-se com tanta cordialidade que me senti culpado por ter duvidado dele.

Uma tarde, subimos até o topo de um monte, saindo na beira de uma cachoeira refrescante cujas águas iam despencar muito abaixo. Pigafetta inclinou-se demais de uma rocha coberta de musgo e, vítima de uma vertigem, esteve prestes a cair. E teria acabado lá embaixo, se o príncipe não o tivesse agarrado pela manga da camisa.

— Minha irmã gosta de ti. Por isso te salvei — disse o filho do rei, que sabia um pouco de espanhol.

— Entendeste? — disse eu, cutucando-o com o cotovelo. Vi-o corar. Depois, dirigindo-me ao príncipe: — E diga-me: como é essa sua irmã?

— Ah, ela delicada como orvalho da manhã. Pesa quase como... *Popótamo*. Gostar de carne, não é?

— Se for nos pontos certos... — respondi.

— Vamos mudar de assunto? — cortou Pigafetta.

— Estás com vergonha? Ouça, Humulu, o que acha de nos apresentar todas as suas irmãs, hoje à noite? Quantas tem?

— Eu? Dezoito. E vinte e duas primas. Vós escolher. Vós, como irmãos, para mim.

– É muita gentileza. O que podemos lhe oferecer em troca? – disse, fingindo interesse.

– Vossa vida.

– Nossa vida? – arregalei os olhos.

– Estava brincando – e começou a rir. – Se tocarem um só dedo, se tocarem irmãs, estão mortos. É a lei. Diz claro. Nenhum estrangeiro pode deitar com filhas do rei. Vós entender? – Não parava mais de rir.

Fiquei surpreso. Não achava que fosse tão espirituoso.

– Agora vamos – disse. – Daqui pouco jantar pronto. Vós ficar comigo. Meus convidados.

– Não sei se podemos – disse Pigafetta. – Daqui a pouco temos que nos apresentar para a chamada vespertina.

– Depois vir. Eu esperar.

Mas não fomos. Aquela foi a última noite na ilha. Na manhã seguinte finalmente zarpamos bem cedo e fizemo-nos ao largo por aquelas águas plácidas e ensolaradas, empurrados pelo mistral, costeando atóis e ilhas de cujas praias os habitantes nos saudavam. Passamos diante de Ceilão, Bohol, Canigan, Baybay e Gatigan. Nesta última havia morcegos do tamanho de águias. Capturamos alguns e os assamos. Saborosos. Também havia pássaros pretos do tamanho de uma galinha e de cauda longa, que botavam ovos grandes muito gostosos e os escondiam na areia. Também destes nos apossamos em grande quantidade.

Em seguida, superadas as vinte léguas, passamos diante de Polo, Ticobon e Pozon. E por fim chegamos a Cebu, que dista quinze léguas de Gatigan.

Com certeza não podíamos imaginar o destino que estava reservado para nós. Não raro o diabo se esconde nas feições mais inócuas.

14

DOMINGO, 7 DE ABRIL, POR VOLTA DO MEIO-DIA. Depois de três dias de navegação entre calmarias e brisas agradáveis, encontrando ao longo da costa muitas aldeias com casas construídas em cima das árvores, entramos no porto principal de Cebu. Magalhães quis que embandeirássemos os navios para causar impacto. Depois de baixar as velas, descarregamos a artilharia para impressionar os nativos, muitos dos quais fugiram para a floresta.

No porto estavam atracadas centenas de juncos e canoas, que ali também se chamavam *balangués*.

Magalhães mandou desembarcar como embaixadores Henrique, Barbosa, Pigafetta e este que vos fala, junto com uma dúzia de homens armados.

Superada a desconfiança inicial, Henrique conseguiu fazer-se entender e fomos levados à presença do rei da ilha.

Estava rodeado de muitos guerreiros e cortesãos que ainda tremiam pelos tiros de canhão.

O rei, por sua vez, não parecia nada impressionado.

– Eu sou Humabon, senhor destas e de outras cem ilhas – fez-nos saber, depois de nos obrigar com a ponta das lanças a nos ajoelharmos.

— Saudações a vós, poderoso senhor de Cebu e das ilhas vassalas — respondeu Henrique, ensaiado por Barbosa.

— Quem comanda os navios trovejantes? — perguntou o rei.

— Um fiel súdito do grande rei de Espanha, o monarca mais poderoso que há na Terra. E aqueles trovões eram um sinal de saudação e de amizade. Estamos aqui de passagem, rumo às Molucas — respondeu Barbosa, por meio de Henrique.

— Não conheço vosso rei, e não sei quanto é poderoso — respondeu ele. — Mas, quem quer que ele seja, que saiba que seus navios, como qualquer embarcação que se aproxima de nossa ilha e tem acesso aos nossos portos, devem pagar um tributo para realizar comércio ou qualquer outra coisa.

— Não se poderia fazer uma exceção ao grande rei de Espanha, senhor dos relâmpagos e dos trovões? — perguntou Henrique, por iniciativa própria.

O rei balançou a cabeça: primeiro o dinheiro, depois a amizade. E acrescentou:

— Não faz nem quatro dias que um junco proveniente do Sião, carregado de ouro e de escravos, nos pagou seu tributo. Este aqui mesmo que estão vendo era parte daquela expedição; ficou para concluir seu comércio de escravos e de ouro e terminar o carregamento.

Ao seu lado, dois degraus mais abaixo, estava de fato sentado um mercador mouro, o qual pediu ao rei permissão para se aproximar. Obtendo-a, levantou-se e murmurou-lhe algumas palavras ao ouvido.

Vira os três veleiros na baía e, como homem experiente, temia seus canhões. Por isso aconselhou o rei a suspender a cobrança. Em outras circunstâncias devia ter tido a oportunidade de conhecer o poder e a fúria devastadora dos "conquistadores".

— Tomai cuidado com o que fazeis, meu senhor — sussurrou. — Homens como estes subjugaram Malaca, Calicute e toda a Índia Maior. Quem os trata bem obtém vantagens. Quem os trata mal só arranja problemas, como fizeram em Calicute e em Malaca. Vêm de um reino cujo soberano é mais poderoso que o de Portugal.

O rei tocou o queixo, passou várias vezes a mão no rosto sem barba e depois disse:

— Decidirei amanhã. Enquanto isso os estrangeiros serão meus convidados para o jantar. Que sejam alojados numa ala do meu palácio e recebam todos os cuidados. Esta noite festejaremos.

Um criado adiantou-se e tomou-nos a seu encargo, escoltando-nos até nossas acomodações, situadas em confortáveis cabanas de palha, e mandando nos trazerem pencas de banana e vinho de palma à vontade.

Barbosa pediu para ir até os navios para informar o comandante. Alguns guerreiros o escoltaram até a praia.

Mais tarde, o próprio rei de Massana desembarcou para conversar com o rei de Cebu e tranquilizá-lo sobre nossas intenções, louvando a cortesia do comandante Magalhães.

Eu e Pigafetta, enquanto esperávamos o jantar, acomodamo-nos nas redes e ficamos à toa, trocando impressões sobre o que tínhamos visto e ouvido.

Nas outras cabanas, era provável que nossos companheiros fizessem o mesmo.

Ao pôr do sol, buscaram-nos e escoltaram-nos de volta ao palácio.

O banquete foi abundante como sempre. As comidas eram servidas em bandejas de porcelana, importadas da China. Assistimos a um espetáculo de dançarinas: jovens muito bonitas, de pele clara, completamente nuas, exceto por uma saia feita da fibra de uma árvore que cresce naqueles lugares e cujo nome não lembro.

No dia seguinte, nosso escrivão, o intérprete, Pigafetta e Barbosa voltaram a Cebu. O rei veio até a praça e os fez se sentarem ao seu lado.

Primeiro perguntou:

— Vosso senhor e imperador quer que eu lhe pague um tributo?

– Não – respondeu o intérprete. – Deseja que a partir de agora façam trocas somente com ele e com seus emissários.

– Muito bem – disse o rei. – Eu, Humabon I, aceito receber os hóspedes estrangeiros isentando-os excepcionalmente do pagamento do imposto.

Um toque de gongo, ou de *agon*, como era chamado naqueles lados, seguiu-se ao decreto.

Em seguida, acrescentou:

– Se vosso comandante quiser ser meu amigo, mande-me um pouco do sangue de seu braço e eu farei o mesmo com ele.

– Certamente – respondeu o intérprete, instruído por Barbosa.

– Agora pergunto se devo ser eu a iniciar a troca de presentes ou se sereis vós.

– Se vosso costume assim determina, que sejais vós a começar – respondeu o intérprete.

– Assim seja – disse o rei.

No dia seguinte, o rei de Massana veio aos navios com o mouro para relatar que o rei de Cebu reunira provisões em grande quantidade para oferecer como presente, e que mandaria um sobrinho para trocar conosco um sinal de paz.

O capitão-general mandou armar alguns dos seus com a couraça para assustar o mouro, de modo que este fosse contar ao rei de Cebu, deixando-o ainda mais maleável.

Depois do almoço, veio aos navios o sobrinho do rei de Cebu, que era príncipe, junto com o rei de Massana, o mouro, o governador e oito dignitários da corte para selar a paz conosco.

Concluído o tratado, do qual aqueles selvagens entenderam bem pouco, Magalhães começou a falar de Deus e de seus preceitos para atraí-los para a fé.

A coisa pareceu-me cômica, embora tenha me esforçado para não deixar transparecerem meus pensamentos.

Depois, com alegria, os visitantes pediram a Magalhães que deixassem com eles dois homens para que os instruíssem naqueles preceitos. Magalhães respondeu que não era possível, mas que, se assim desejassem, o capelão poderia batizá-los e, na próxima vez, traria frades e religiosos no séquito para lhes ensinar as questões de fé.

Disseram que falariam com o rei e depois, se ele estivesse de acordo, aceitariam tornar-se cristãos. Lacrimejaram de contentamento.

O capitão-general lhes disse que não queria que o fizessem por medo nem para agradá-lo, mas apenas por convicção e voluntariamente.

Eles confirmaram que não o faziam por medo nem para agradá-lo, mas por espontânea vontade.

– Se virarem cristãos, deixarei de presente uma armadura – disse Magalhães. E acrescentou: – Uma vez cristãos, serão libertados do pecado e do demônio.

Os outros agradeceram pelas belas palavras. Não entendiam o que ele queria dizer, mas se colocavam em suas mãos como servos fiéis.

O capitão-general abraçou-os um a um, chorando; pegou as mãos do príncipe e do rei entre as suas e prometeu paz perpétua com o soberano da Espanha.

Eles responderam da mesma forma.

Concluído o acordo de paz, Magalhães convidou-os para comer e em seguida eles lhe ofereceram cestos repletos de presentes da parte de seu rei, além de arroz, porcos, cabras, galinhas. E disseram que ainda era pouco para alguém de sua estirpe.

Inacreditável.

Magalhães retribuiu com um pano branco de tecido finíssimo, um gorro vermelho, diversos colares de contas de vidro e um copo dourado, também de vidro. E ao Rei de Cebu, por intermédio de Pigafetta, enviou uma túnica de seda amarela e preta de estilo mourisco, um gorro vermelho fino, muitos colares de contas de vidro, pratos de prata e dois copos dourados.

Chegando à cidade, encontramos o rei em seu palácio, reunido com muitos homens. Estava sentado no chão sobre uma esteira feita de folhas de palmeira. Tinha somente um pano de algodão cobrindo as vergonhas e um véu bordado à mão na cabeça, além de um colar muito valioso no pescoço e dois brincos de ouro nas orelhas, com pedras preciosas. Era gordo e pequeno ao mesmo tempo, o corpo todo pintado com carvão, e comia no chão, servindo-se de grandes ovos de tartaruga de um prato de porcelana pousado sobre uma outra esteira. À sua frente tinha vasos cheios de vinho de palma cobertos com ervas aromáticas e com quatro canudos saindo de cada um, pelos quais ele bebia.

Depois de fazer as reverências, o intérprete disse que nosso comandante agradecia pelos magníficos presentes e retribuía com aqueles outros. Em sinal de reverência, beijamos os presentes que estávamos oferecendo e os pousamos aos pés dele em pratos de prata. Aceitou-os de bom grado e nos agradeceu. Seu sobrinho, o príncipe, contou-lhe do encontro que tivera com nosso comandante e falou longamente da exortação para que se tornassem cristãos.

O rei balançou a cabeça sem pender nem para um lado nem para o outro, e depois convidou-nos a ficar para o jantar.

Recusamos com muitas reverências e fomos embora. No caminho, porém, o príncipe nos convenceu a acompanhá-lo até sua casa, onde estava ocorrendo um banquete com música e danças. Dada sua insistência, consideramos sensato aceitar. Assim entramos na casa dele. Algumas mulheres tocavam tambores cobertos com tecido feito de folhas de palmeira, batiam com varetas em sinos e címbalos e agitavam um círculo de madeira tilintante que produzia um som suave. Três delas, muito bonitas e de pele branquíssima, circulavam descalças e completamente nuas exceto por uma saia pequena; tinham cabelos muito pretos, cobertos por um véu esvoaçante. Dançavam com graça e movimentos sinuosos. Depois do jantar, voltamos às naus para não abusar demais da hospitalidade.

No entanto, todas aquelas cerimônias tinham-me deixado desconfiado, embora não soubesse explicar a razão – tratava-se de instinto.

Nos dias seguintes, escrivães e intendentes da frota, com a ajuda de parte da tripulação e de uma multidão de indígenas, levantaram rapidamente algumas construções para servir de empório e base comercial e levaram para lá as mercadorias.

Começaram os escambos entre a tripulação e os nativos. Estes pareciam apreciar a robustez do ferro e o esplendor do bronze, pelos quais estavam dispostos a oferecer libras e mais libras de ouro, que era abundante na ilha.

Para evitar que a ganância levasse os homens a privar-se até dos bens mais íntimos, incluindo roupas e armas, Magalhães impôs limites aos escambos e à quantidade de ouro a adquirir. Não queria que os nativos ficassem desconfiados. Também proibiu severamente recorrer a fraudes nos pesos e medidas, porém sem sucesso.

Aquele povo era amante da paz e da justiça. Tinham balanças de madeira precisas, e os jovens brincavam com uma espécie de gaita de fole, que ali chamavam de *subin*.

Suas casas (visitamos algumas) eram feitas com tábuas de madeira e com bambus, construídas sobre grandes estacas que se erguiam tão alto do chão que para entrar era necessária uma escada. Dentro tinham cômodos como os nossos e embaixo das casas mantinham os animais: porcos, cabras, galinhas. Quando fazia calor, subia um fedor de revirar o estômago.

Uma manhã eu e Pigafetta fomos até a aldeia com o príncipe, que parecia ter simpatizado conosco. Avistando algumas moças que nos apontavam com o dedo e depois riam escondendo o rosto entre as mãos, começou a nos descrever, num português sofrido, os costumes sexuais vigentes.

Os homens, explicou ele, fazendo gestos expansivos com as mãos, podiam ter quantas esposas quisessem, mas para possuí-las precisavam manter atravessado na glande um fio de ouro ou de estanho da espessura de uma pena de ganso, com uma estrela pontiaguda em cada ponta, senão os recusavam. Elas queriam, continuou ele, primeiro sentir entrar na vagina as pontas das duas estrelas, depois finalmente começavam a ficar molhadas e o membro não podia sair enquanto não ficasse mole...

Toda essa conversa – percebi – deixava Pigafetta extremamente envergonhado; de fato, ficara vermelho e acho que nem estava mais escutando.

– Não ficaste curioso para experimentar? – perguntei-lhe, entre uma conversa e outra.

– O quê?

– Mas então não estavas ouvindo? O príncipe pode se ofender. Príncipe, pode nos dar licença?

Passei o braço por cima dos ombros do meu amigo e levei-o até um grupinho de moças que pareciam muito interessadas em nós. Assim que nos viram avançar, porém, fugiram dando risada.

– Qual era tua intenção? – perguntou Pigafetta.

– Fazer-te perder o que tanto preservas.

Ele corou, sem responder.

– Parece que são amantes formidáveis – insisti. – São educadas para agradar aos homens desde muito cedo.

– Mas se eram quase crianças – replicou ele, indignado.

– Crianças? Ouviu isso, príncipe? Está chamando-as de crianças. Em casa devem ter um marido e pelo menos uma meia dúzia de filhos cada.

– Mas o que estás dizendo? – protestou Pigafetta.

Naquele dia eu sentia uma estranha agitação por dentro e uma disposição para brincadeiras arriscadas.

O príncipe, que felizmente entendera pouco ou nada, sorriu por pura cortesia e logo recomeçou a tagarelar, passando a um assunto decididamente menos empolgante: a suntuosidade de seus ritos fúnebres.

Parei imediatamente de escutá-lo, não conseguindo parar de pensar nos prazeres da ilha. Como muitos de nós tivemos a oportunidade de experimentar posteriormente, as mulheres nativas eram – quase sem exceção – incrivelmente luxuriosas; e, talvez por conta do maior tamanho de nossos membros, pareciam preferir-nos aos seus homens. Estes no início não pareceram se ofender com isso; com o tempo, porém, as coisas mudaram. Para pior.

Depois de menos de uma semana, o rei e grande parte dos súditos se declararam, para nosso espanto, desejosos de se tornarem cristãos.

No domingo, 14 de abril do ano da graça de 1521, construiu-se na praça central da aldeia um palanque adornado com tapeçaria e ramos de palmeiras.

A luz do pôr do sol batia no dossel erguido sobre um tapete de cetim vermelho carmim, purpurejando todas as superfícies. Sobre o tapete tinham sido colocadas duas poltronas de veludo carmesim. À direita se sentaria o rei e, à esquerda, o almirante, com igual dignidade. Diante das poltronas, um suntuoso altar, sobre o qual se erguia uma alta cruz de bronze, ricamente adornada. Ao redor, milhares de selvagens seminus e a tripulação quase toda.

Assim que o rei tomou seu lugar, dois botes se afastaram da *Trinidad*. No primeiro, quarenta homens em armaduras reluzentes. No seguinte, Magalhães, que para a ocasião vestira a armadura de desfile, ao lado do alferes, que segurava o estandarte imperial; um passo atrás, os oficiais, incluindo este que vos fala. Suava como um chafariz, mas me esforçava para pensar em coisas frescas, no toque de mãos femininas.

– Vamos nos preparar para o pior – murmurei ao ouvido de Pigafetta. Ele me fez sinal para ficar quieto.

No instante em que pusemos os pés na praia, ressoou uma descarga de artilharia. Os nativos ficaram assustados e tentaram fugir, mas o rei fora avisado e sua impassibilidade encorajou os súditos.

Magalhães avançou em sua direção à frente dos oficiais e prestou-lhe homenagem com uma reverência, à qual o rei respondeu com um aceno de cabeça. Depois de trocarem um abraço, o comandante acomodou-se ao lado do monarca e a cerimônia pôde começar.

O rei e Magalhães sentavam-se em cadeiras de veludo vermelho e preto; os dignitários, em almofadas; os outros, em esteiras.

Nós nos posicionamos atrás deles, prontos para intervir, se necessário.

No último momento, o comandante, com um gesto do braço, deteve a mão do sacerdote, que estava para iniciar a administração do batismo às centenas de índios enfileirados, e quis certificar-se uma vez mais da espontaneidade da conversão.

Por meio de Henrique, dirigiu-se ao rei.

– A conversão a Deus Todo-Poderoso não tem valor – mandou dizer – se ocorrer sob o efeito do medo ou da sujeição, ou para agradar alguém. A conversão deve ser sentida e plenamente espontânea.

Ouvindo aquelas palavras, confesso que tive vontade de rir.

Nenhuma surpresa, porém, quando o rei se proclamou ansioso por entrar nas graças de nosso soberano e alcançar a benevolência de Nosso Senhor. Muitos dignitários, porém, levantaram-se para manifestar a própria recusa. Magalhães então ameaçou mandar os soldados para cima deles para despojá-los de todos os seus bens e dá-los ao rei. E assim eles abaixaram a cabeça.

Ele agradeceu e pediu que lhe deixasse dois homens para instruí-lo na fé. O comandante consentiu e pediu em troca dois meninos para levar consigo para a Espanha e instruir na nossa língua e nos nossos costumes. O rei fez sinal que sim com a cabeça.

A cruz foi erguida no meio da praça e todos se aproximaram para beijá-la.

Magalhães disse que, se quisessem ser bons cristãos, deviam voltar para suas casas e destruir todos os ídolos.

Eles prometeram.

Depois disse que toda manhã deviam juntar as mãos e rezar, e vir até a cruz para adorá-la de joelhos. Além disso, eram necessárias boas ações – e explicou o que eram com muitos exemplos que eles entenderam bem pouco.

— Vesti-me todo de branco – disse Magalhães – para vos honrar e mostrar meu sincero amor.

Não sabiam o que responder.

Magalhães pegou o rei pela mão e levou-o até o altar para batizá-lo.

— Seu nome será Carlos, como nosso amado soberano – disse, confiando-o ao capelão.

Depois dele, foi a vez do príncipe, que foi batizado com o nome de Fernando, como o irmão mais velho do imperador. O rei de Massana foi chamado de João; o mouro, de Cristóvão. E assim por diante. Continuou-se até a hora do jantar.

Foram batizados não menos que quinhentos homens.

No dia seguinte, o capitão-general convidou o rei e os dignitários para almoçar nos navios, mas eles recusaram. Acompanharam-no, porém, até a praia; os navios descarregaram as bombardas e Magalhães e o rei se despediram com um abraço.

À tarde, o padre e alguns outros desceram em terra para batizar a rainha e suas filhas, além de quarenta damas de companhia. Fizeram-nas vir diante do altar, uma por vez, e sentar-se numa almofada. Em seguida, o padre mostrou uma pequena tábua com a pintura de Nossa Senhora e um Menino Jesus de madeira marchetada, e a rainha, chorando, pediu pelo batismo. Era jovem e extraordinariamente bela, envolta num pano branco e preto; tinha os lábios e as longas unhas pintados de carmim, um chapéu grande de folhas de palmeira e, em cima dele, uma coroa das mesmas folhas. Joana, como a mãe do imperador – assim foi batizada. Catarina e Isabel, infante da Espanha, as princesinhas, uma delas esposa do príncipe sobrinho do rei. A rainha de Massana foi chamada Elizabete. Foram batizadas oitocentas almas entre homens, mulheres e crianças.

A rainha pediu que lhe deixassem o Menino Jesus para colocá-lo no lugar de seus ídolos; depois se foi.

Durante toda a tarde até o anoitecer, o sacerdote prosseguiu, derramando água batismal em abundância nas cabeças.

Eu e Pigafetta permanecemos na *Trinidad* jogando cartas até a hora do jantar.

– Um espetáculo revoltante, não acha? – disse de repente, para sacudi-lo.

Pigafetta olhou-me desconcertado.

– Por quê?

– Oras! Falar de conversões voluntárias e no instante seguinte passar a ameaças. Não me digas que perdeste a cena.

– Não percebi nada.

– Não tentes me fazer de tolo.

– Juro que não sei do que estás falando.

– Não há melhor cego que o que não quer ver. E com esta eu bati – disse, baixando a carta vencedora.

À noite, o rei veio com seu séquito até a praia e o capitão-general mandou disparar muitos canhões e bombardas grandes. O rei observou tudo com prazer e, quando se despediram, ele e o comandante não paravam de se abraçar e chamar-se de irmãos.

– Realmente comovente – disse, observando a cena com os cotovelos apoiados no pavês e um sorrisinho de escárnio.

Pigafetta fingiu não ouvir. Parecia comovido de verdade.

Pouco depois foi embora sem nem se despedir.

Era quase meia-noite quando a porta do meu camarote se abriu bruscamente e Magalhães irrompeu como um demônio saído do inferno.

– O que está acontecendo, comandante? – balbuciei, jogando de lado as cobertas e saltando em pé na cama.

Não respondeu na hora, fitando-me com um olhar feroz.

– O que eu fiz?

– Não fez nada além de rir. O tempo todo.

– Do que está falando?

– O senhor sabe. Amanhã acertaremos as contas. Por ora considere-se proibido de deixar o navio até segunda ordem.

E se foi como tinha vindo, deixando-me como um peixe na rede. Como pudera perceber? Era um mistério. Mas quais mistérios eram capazes de resistir à gazua daquele homem?

Nos dias seguintes, Magalhães desembarcou muitas vezes, martelando os ouvidos do rei com as questões de fé. A rainha vinha com frequência assistir à missa acompanhada de suas damas, que a seguiam totalmente nuas e descalças, com exceção de um paninho que lhes cobria as vergonhas, enquanto ela, a rainha, usava roupas de seda branca e preta com grandes véus atravessados por listras de ouro cobrindo-lhe a cabeça e as costas, além de toucas sempre novas.

Em oito dias foram batizados todos os habitantes da ilha e muitos outros das ilhas vizinhas. Sob as ordens do capitão-general, queimamos a casa de um príncipe que, recusando a conversão, não queria obedecer ao rei nem a nós.

Um dia, o comandante chamou para assistir à missa o rei, um irmão dele chamado Bendara, pai do príncipe, e muitos dignitários. Primeiro repreendeu-os porque não tinham mantido a promessa de se livrarem dos ídolos. Depois fez todos jurarem obediência ao Rei da Espanha, e eles beijaram sua mão. Humabon prometeu ser sempre obediente e fiel. O capitão desembainhou a espada e pousou-a na cabeça dele; depois, diante da imagem da Virgem, disse que quando se jurava tão solenemente era melhor morrer que quebrar o juramento. Feito isso, deu ao rei uma poltrona de veludo vermelho e disse que devia levá-la sempre consigo. O rei prometeu, dando sua palavra, e retribuiu tirando os brincos e as pulseiras de ouro e dando-os a Magalhães.

Em meio a tudo isso, fiquei o mais afastado possível, assistindo aos eventos como a um grande e prodigioso espetáculo farsesco, com olhos absortos e cheios de admiração. Nunca mais me aconteceria de ver-me tão perto do paraíso e do inferno ao mesmo tempo – são dois reinos, creio eu, que têm portas comunicantes.

A missão podia-se dizer cumprida, ou pelo menos a um passo do cumprimento. A essa altura Magalhães devia sentir-se tocado pela graça do Senhor; e esse excesso de confiança acabou por ser uma das causas de sua ruína.

Henrique mostrava-se inquieto já fazia alguns dias. Como se pressentisse algo.

– Pode-se saber que diabos tu tens? – perguntei-lhe na primeira ocasião.

Para fazê-lo falar, precisei oferecer alguns copinhos de aguardente.

– De onde eu venho – começou ele –, os velhos dizem que justamente quando tudo parece estar indo bem é que é hora de se preocupar.

– Na minha terra também se diz isso – respondi. – Vê, os homens não são tão diferentes, afinal.

– Um velho provérbio malaio afirma: "Onde não há águia, diz o galo: sou eu a águia", acrescentou ele, com o olhar perdido no vazio.

O que quisesse dizer eu não entendi, nem jamais lhe perguntei. Mas sentia que havia fundamento naquele provérbio.

QUALQUER COISA SE TORNA VERDADEIRA de tanto ser repetida. A verdade é só uma questão de vontade. Assim que se crê firmemente em alguma coisa, ela se torna real. Magalhães devia estar convencido disso àquela altura de sua existência.

Nos dias seguintes, tendo-se espalhado a notícia daquele grande número de conversões, acorreu gente das ilhas vizinhas para se batizar e firmar pactos de amizade com o emissário daquele poderoso rei estrangeiro. Foi um triunfo para o almirante. Mas também o começo do fim.

Pela primeira vez o comandante deixou de lado a prudência para se lançar numa aventura sem critério.

Para começar, atribuiu ao rei Humabon o posto de governador das ilhas em nome do rei Carlos da Espanha. Muitos reis locais e chefes tribais se dobraram, temendo o poderoso aliado do rei de Cebu.

Por meio de Humabon, Magalhães contava dominar todo o arquipélago. Mas a oportunidade de colocar à prova a força persuasiva das nossas armas chegou cedo até demais.

Sexta-feira, 26 de abril, Zula, príncipe da Ilha de Mactan, enviou o filho com duas cabras para oferecê-las ao capitão-general, mandando dizer que não pudera manter a promessa por inteiro porque o outro rei, Cilapulapu, não queria obedecer ao rei da Espanha. Pedia, portanto, que nosso comandante enviasse um barco cheio de homens para ajudá-lo a combater o rei rebelde.

Magalhães saltou da cadeira e deliberou ir até lá com três barcos carregados de homens armados.

Era a oportunidade que estava esperando, na verdade.

– Conduzirei eu mesmo a expedição – declarou diante dos oficiais aturdidos.

Ouvindo aquelas palavras, fui tomado por uma sensação sombria, como de um mal se aproximando.

O aguazil-mor se adiantou afirmando que cabia a ele comandar as tropas.

Mas Magalhães, como um bom pastor, não quis abandonar seu rebanho. Era essa, mais ou menos – creio eu –, a missão da qual se sentia investido.

Seria digno de riso, se não fosse trágico.

– Combati em Malaca, em Azamor... Não vou agora temer meia dúzia de selvagens! – trovejou.

Deflagraria o poder das armas espanholas.

Tinha certeza de que bastaria disparar alguns tiros na direção dos indígenas para colocá-los em fuga, como em outras circunstâncias. Não é fato que Pizarro e Cortez conquistaram impérios populosos com um punhado de homens?

– Quero mostrar para essa gente – disse algumas horas antes de empreender a expedição – que um só de nós é capaz de botar cem deles em fuga. Depois seremos considerados invencíveis, e todos se submeterão com um único aceno de nossa cabeça. Se empregasse todos os homens disponíveis no confronto, ou aceitasse a ajuda de Humabon, perderíamos o respeito deles.

À meia-noite, partiu com sessenta homens armados com corseletes e celadas.[27] Atrás dele vinham trinta *balangués* com o rei Carlos Humabon, alguns príncipes e mil guerreiros.

Magalhães, porém, quis que ficassem a distância.

Humabon expressara descontentamento com aquela decisão, mas pudera ver com os próprios olhos do que eram capazes os espanhóis, experimentando a invencibilidade de suas couraças reluzentes. Como podia esquecer o espetáculo oferecido por dez de seus homens que haviam atacado com facas e lanças um único espanhol armado de couraça sem conseguir vencê-lo ou sequer lhe causar um arranhão?

Três horas antes do amanhecer chegamos a Mactan.

Magalhães mandou o mouro para uma última tentativa de paz.

– Se Cilapulapu aceitar obedecer ao rei da Espanha, reconhecer o rei Carlos Humabon como seu senhor e pagar o tributo, terá a paz. Caso contrário, haverá guerra... Se recusar – concluiu o mouro, no papel de porta-voz –, o capitão-general manda dizer que experimentarão as lanças e as bestas espanholas.

Cilapulapu, no centro de sua cabana, as quatro esposas e os 22 filhos sentados atrás dele, respondeu orgulhoso e despeitado:

– Nossas lanças, mesmo sendo de bambu e de madeira endurecida no fogo, são tão afiadas quanto as vossas – e mandou embora o mensageiro de paz. Em seguida, porém, chamou-o de volta: – Diga ao seu senhor uma última coisa: que espere o dia para atacar, porque estou esperando reforços.

Disse isso para fazer-nos cair numa armadilha: na verdade escavara grandes valas entre a praia e as casas para fazer cair nelas os inimigos enquanto ainda estava escuro.

Magalhães estava tão convencido de que venceria com facilidade sem derramar uma gota de sangue que, contrariamente ao

---

[27] Corselete e celada: partes da armadura que cobriam respectivamente o peito e a cabeça. [N.T.]

costume, não mandou ministrar os sacramentos aos soldados. E até ele se absteve.

Um par de tiros de besta e aqueles selvagens se dispersariam, era o que pensava.

Primeiramente, não previra que as águas na costa fossem tão rasas a ponto de impedir que as embarcações se aproximassem da praia para posicionar as bombardas e bestas. Depois, quando na noite de sexta-feira, 26 de abril de 1521, data que não poderei jamais esquecer, embarcou num dos três botes à frente daquele punhado de homens armados até os dentes, tendo atrás de si trinta silenciosos *balangués* que os escoltariam até Mactan para depois permanecerem inertes, recusou-se a dar importância a alguns sinais infaustos que o astrólogo se esforçou para fazê-lo ver.

— O corvo preto que viu voar sobre os navios e emitir aqueles gritos pode ser portador de uma mensagem de significado oposto, como bem sabe – observou.

Agora acreditava ter-se tornado especialista em profecias e na interpretação dos sinais do Céu.

— E o ladrar daqueles cães, como o interpreta, meu senhor? – perguntou ainda o astrólogo.

— Não será qualquer cão sarnento que me fará desistir – disse Magalhães, despeitado, já parecendo olhar com suspeita qualquer um (e foram vários) que tentasse detê-lo. — Estamos a um passo do resultado, e Deus está conosco, não vê? Tem ideia de quantas conversões obtivemos sem derramar uma gota de sangue?

Nisso tinha razão.

Quando percebeu que os botes não podiam se aproximar da praia o suficiente para descarregar bombardas, mosquetes e bestas, nem então se preocupou. Mas deveria. Com aquelas armas teria sido fácil pôr em fuga os guerreiros que os esperavam na areia, balançando os escudos e lançando gritos ferozes.

Quando romperam as primeiras luzes do dia, quarenta e nove homens encouraçados saltaram dos botes, com Magalhães à frente, e viram-se imediatamente com a água até a cintura. Eu me mantinha atrás dele, como proteção. Ao lado, Henrique e Pigafetta. Deixamos onze para defender os botes.

A água batendo acima das coxas logo dificultou avançarmos. O trecho que nos separava da praia onde os inimigos estavam à espera tinha uma extensão de mais de dez tiros de besta; percorrê-lo naquelas condições consumiu nossas energias.

Quando chegamos perto da praia, vimos que os inimigos tinham se dividido em três esquadrões, com ao todo mais de 1.500 guerreiros.

De repente, ergueu-se um único grito altíssimo, ensurdecedor, e uma massa imponente de silhuetas lançou-se em nossa direção com fúria selvagem. Meu coração parou por um instante. Olhei para Magalhães, que me devolveu um olhar trágico e cheio de hesitação. Pela primeira vez o via assustado. Bastou para levar embora minhas forças.

Os índios atacaram de todos os lados, vindo para cima de nós em número de cinco por um, dois de cada lado e um pela frente, e ainda assim mantendo-se a uma respeitosa distância pelo temor que tinham de nossas armas.

O comandante nos dividiu em dois grupos e mandou abrirmos fogo. Atiramos com os mosquetes e as bestas por mais de meia hora, mas sem resultado, pois a distância era grande e os selvagens se moviam de um lado para o outro, esquivando-se dos tiros ou se defendendo com seus escudos de bambu.

O capitão-general, vendo o que estava acontecendo, não parava de gritar:

– Não atirem!

Mas os soldados amedrontados continuavam disparando em vão.

Então os selvagens tomaram coragem e avançaram mais, descarregando sobre nós uma chuva de flechas e lanças de bambu, além de pedras atiradas com fundas e grandes torrões de terra arrancados do chão.

Magalhães ordenou que alguns fossem até as cabanas para incendiá-las e ver se era possível desencorajá-los. Mas isso os deixou ainda mais furiosos. Dois dos nossos foram abatidos e pouco depois o próprio comandante foi atingido na coxa direita por uma flecha envenenada.

Vendo a terrível situação, Magalhães ordenou:

— Vamos recuar, mas em ordem e sem demonstrar medo, senão vão vir para cima de nós.

Assim foi no início, mas pouco a pouco, sob a pressão dos selvagens, à maioria faltou o sangue frio. Muitos deram no pé, mancando e correndo de lado, o quanto permitia a armadura, em direção aos botes. O comandante arrastava a perna lentamente; via-o cada vez mais ofegante. Restamos apenas sete ou oito ao seu lado, prontos para o sacrifício.

Mas ele não queria saber de se retirar antes que estivéssemos todos a salvo. Por isso continuava a virar-se e gritar para nós:

— Vão, vão!

Dos barcos, nossos companheiros observavam impotentes o desenrolar dos acontecimentos. As bombardas estavam longe demais para ter alguma serventia.

Enquanto isso, a tempestade de flechas, estacas pontiagudas, pedras e torrões não cessava. Arremessavam as lanças e depois pegavam-nas de volta para lançá-las de novo seis ou sete vezes.

E miravam sobretudo nas pernas, porque estavam desprotegidas.

Tendo compreendido quem estava no comando, era sobre ele que concentravam seus esforços, atacando-o de vários lados e cada vez mais numerosos. E ainda assim Magalhães aguentava firme, rechaçando os agressores mesmo quando eram em número superior aos dedos de uma mão.

Mas então alguns selvagens chegaram até ele e conseguiram arrancar-lhe o elmo da cabeça, deixando-o mais vulnerável e atacando-o com fúria.

Fazia uma hora ou mais que combatíamos fazendo frente àquela massa, quando uma lança acertou de raspão o rosto do comandante. Magalhães foi para cima do inimigo que o atingira, atravessando-o com a lança, mas tão fundo que não conseguiu mais arrancá-la de seu corpo. Tentou então desembainhar a espada, mas foi impedido pelo veneno de uma flecha, que tinha quase paralisado seu braço.

Quando viram que não conseguia movê-lo, caíram todos em cima dele, cercando-o de todos os lados.

Lançou-me um último olhar, levantou a mão, como para fazer-me um sinal, e vi seus lábios pronunciarem uma palavra que não consegui entender: talvez "adeus" ou "ajude". Jamais saberei.

Quando percebi que não havia salvação, virei-me e pus-me a correr em direção aos barcos.

E essa foi minha segunda traição, ainda que fosse a única coisa que restava fazer. De qualquer forma, abandonei-o.

Enquanto corria, encontrei força para me voltar uma última vez. Foi então que vi Magalhães acuado por todos os lados e de repente um terçado, uma espécie de cimitarra, atingi-lo, ferindo-o na perna esquerda. Vi-o cair para a frente, com o rosto na água. Imediatamente foram para cima dele com lanças de ferro e de bambu e com dezenas de terçados, até que a água se tingiu de vermelho.

Parei de olhar e me afastei o mais depressa que pude; percorri o último trecho quase sem consciência. Ainda hoje não me lembro de como cheguei aos barcos.

Como soube mais tarde, vendo-me naquele estado, Pigafetta correra ao meu encontro, arrastara-me pelo braço e içara-me a bordo.

Mesmo depois de ser ferido, o capitão-general não deixara de se preocupar conosco. Sem ele, ninguém teria voltado daquela expedição, creio eu.

Porém, bem poucos estavam dispostos a reconhecer isso, e a maioria o acusou de não ter sabido conduzir as coisas e de ter tido pouca habilidade estratégica.

Seja como for, Magalhães estava morto, e com ele outros sete dos nossos e quatro índios que tinham vindo nos ajudar. Muitos estavam feridos. Dos inimigos, restavam no chão não mais que quinze. Mas o pior era que a derrota ocorrera sob o olhar do rei Carlos Humabon, o qual, vi bem, chorava como se tivesse perdido um irmão.

Voltamos para os navios com uma dor no coração que é impossível descrever.

Depois do almoço, o rei Carlos Humabon enviou, com nosso consentimento, alguns de seus homens para pedir a Cilapulapu a restituição dos corpos, especialmente o do nosso comandante, dizendo estarmos dispostos a dar em troca qualquer mercadoria que quisessem.

Responderam que jamais abririam mão de um troféu daqueles, nem mesmo por toda a riqueza do mundo.

– A notícia da minha vitória se espalhou por todas as ilhas ao redor, num raio de muitas léguas, e meu nome agora ressoa alto e resplandecente entre meu povo e entre os povos vizinhos. O corpo de seu comandante, senhor do trovão, é um troféu precioso. Eu o matei como se fosse um peixe ou um pássaro, ele que acreditava ser um deus, e agora seu corpo me pertence e disporei dele conforme a minha vontade. Vão embora e não voltem nunca mais.

Assim falou Cilapulapu, rodeado por seus guerreiros de maior confiança.

Os embaixadores fizeram uma reverência e voltaram até nós de mãos vazias.

Assim que a notícia da morte de Magalhães chegara aos navios, aqueles de nós que se encontravam na cidade para comerciar se apressaram em carregar a bordo as mercadorias.

Nomeamos por unanimidade Barbosa e Serrão como os novos comandantes.

Naquela mesma noite, Barbosa, a bordo da *Trinidad*, diante de toda a tripulação, fez um discurso fúnebre em memória do cunhado. Não repetirei na íntegra o que disse, no silêncio surreal da baía. Mesmo que quisesse, não conseguiria. Mas a essência era esta:

— Marinheiros, oficiais, louvar publicamente um morto e afirmar que sentimos sua falta é coisa muito comum. Não é para isso que tomei a palavra. Como aprendemos, o mal que os homens fazem sobrevive a eles. O bem com frequência é enterrado com seus ossos. E assim será também com Magalhães. Mas onde estão seus ossos? Ninguém sabe. E talvez ninguém jamais saiba, a partir do momento que um homem cruel e selvagem se apossou deles e não quer devolvê-los a nenhum preço. Magalhães era meu parente, marido de minha irmã, que o espera em casa com um filho para criar, mas não por isso me derramarei em elogios nem procurarei levá-los à compaixão.

"Alguns dizem que Magalhães era desmedidamente ambicioso. Pode ser. Mas, mesmo que fosse verdade, acaso não foi ele a nos guiar, a nos apoiar em todas as ocasiões, contra todas as adversidades? Não foi ele a nos conduzir até aqui, contrariando todas as previsões? E se desta expedição obtivermos honras e riquezas, não é a ele que o devemos? Será ambição, isso? E não é verdade que pensou em tudo, enquanto éramos cercados pelo inimigo, naquela ilha miserável, Mactan; acaso não é verdade, eu dizia, que pensou em tudo menos em salvar a própria vida, recusando-se a colocar-se a salvo até que o último homem estivesse em segurança? Onde está a ambição nisso? Eu só vejo honra e abnegação. Até ontem ele estava entre nós, era nosso guia, nosso farol, e agora seu corpo está nas mãos daqueles que o destroçarão, sem que possamos impedir de nenhum modo... Ou talvez um modo houvesse. Poderíamos, é claro, armar-nos e voltar a Mactan para vingar nossa honra e nosso comandante, e talvez até recuperar seu corpo. Mas a que preço? É provável que alguns de vós tenham pensado que essa seria a conduta mais honrosa. Mas eu digo: o próprio Magalhães não desejaria isso. Ele, menos que qualquer outro, desejaria que colocássemos em risco nossas vidas e o bom êxito da expedição na tentativa de honrar quem já não vive mais. Por isso vos digo em seu nome: nem tudo está acabado. A missão, a meta, ainda está ao nosso alcance. Amanhã mesmo voltamos ao mar."

Rebentaram aplausos. Ouviram-se, contudo, alguns assovios. Olhamos em volta, para ver quem tinha sido, mas não conseguimos identificar.

Quanto ao discurso, foi com efeito um belo discurso. Pena que nenhuma daquelas palavras fosse sincera. Era claro como tinha sido o medo a ditá-las. O desejo de colocar entre nós e aquelas ilhas amaldiçoadas o máximo possível de mar. E isso se chama covardia. Ainda que eu possa compreendê-la. E, se não era medo, tratava-se de puro interesse, o que seria ainda mais abominável.

Nos dias seguintes, as coisas andaram de mal a pior. Os marinheiros entregaram-se a condutas torpes com as mulheres. Surgiram ciúmes, e já era possível notar olhares tortos nos rostos dos nativos.

O escravo Henrique, que ficara levemente ferido no confronto, desfalecido em seu coração obscuro, não descia mais em terra, permanecendo deitado em seu cobertor.

Uma manhã Barbosa acertou-lhe um chute na costela, ordenando que se levantasse e voltasse ao trabalho.

Ele respondeu que, morto o capitão-general, devia considerar-se um homem livre.

Mas Barbosa não era dessa opinião e ameaçou açoitá-lo e acorrentá-lo se não se levantasse.

— E quando voltarmos para a Espanha, ficarás a serviço de Dona Beatriz. Ponha isso na cabeça!

O escravo se levantou e, fingindo obediência, retomou suas obrigações. Mas andava pachorrento.

Uma tarde, desceu em terra para conferenciar com o rei Carlos Humabon, que era cada vez menos Carlos e mais Humabon, avisando-o que nos preparávamos para partir.

– Se quiser, meu senhor, pode se apossar dos navios e de toda a carga com facilidade.

Assim disse. E explicou como.

Quando voltou aos navios, parecia aquele de antes, e até melhor.

Na quarta-feira de manhã, 1º de maio, o rei Humabon mandou dizer aos comandantes que as joias que prometera dar de presente ao rei da Espanha estavam prontas. Portanto, convidava-os para um banquete para entregá-las.

Desceram vinte e quatro homens em terra, sem nenhuma suspeita. Também foi o astrólogo San Martín, mostrando-se muito pouco conhecedor das estrelas. E foram oficiais e pilotos.

Na verdade, Serrão sentia-se incomodado, parecia ter maus presságios, e movia-se com cautela. Mas não se decidiu a voltar atrás.

Pigafetta não foi. Ainda estava com um lado do rosto inchado por conta de uma flecha envenenada que o atingira de raspão.

Desembarcamos, então, e fomos ao banquete como verdadeiros tolos e sem tomar nenhuma precaução, exceto pelas armas que carregávamos sempre conosco.

Rei Humabon veio ao nosso encontro com muitos abraços e depois nos escoltou para dentro de um bosque de palmeiras onde estava tudo pronto.

Vimo-nos logo cercados por um grande número de convidados, e todos com olhares estranhos. Alguma coisa não cheirava bem. Comentei a respeito com quem estava sentado ao meu lado, à direita e à esquerda. Tratava-se de Carvalho e de Espinosa. Então, quando vimos alguns índios levarem pelo braço o capelão com a intenção de conduzi-lo até a casa deles, onde alegavam ter um filho à beira da morte, levantamo-nos com uma desculpa e voltamos imediatamente para os navios. Chegando a bordo, nem tivemos tempo de armar os homens e já fomos alcançados por gritos e gemidos aterradores. Alguns disparos e depois gritos selvagens e um grande alarido.

Levantamos imediatamente as âncoras e içamos as velas, aproximando-nos da praia para atirar com os canhões e as bombardas contra a aldeia.

Mas de repente vimos Serrão vindo em direção à praia, puxado por uma corda por dois índios, a camisa ensanguentada no peito.

Quando chegou ao alcance, começou a gritar para pararmos com as bombardas, senão o matariam.

Perguntamos o que era feito dos outros.

– Todos mortos – respondeu. – Fomos traídos.

– Por quem? – perguntei, com uma nota de desespero.

– Henrique – respondeu ele. – Mas também acabou mal. Os índios não pouparam nem ele.

– Pagaremos seu resgate, fique tranquilo – gritei, mas com pouca convicção.

Carvalho imediatamente me cutucou com o cotovelo.

– Se não nos afastarmos logo da praia, vão massacrar a nós também – disse. Sua voz tremia.

– Podemos mandar um barco à terra com alguns homens e ver o que acontece – propôs Pigafetta, branco como um lençol. – Eu me ofereço.

– Eu também – disse eu, ainda que estivesse convencido de ir ao encontro da morte certa.

Na praia, Serrão chorava, suplicando que o salvássemos. Um espetáculo penoso.

– Paguem o resgate! – gritava, entre as risadas dos índios. – Ou vão me degolar!

Carvalho, que era seu parente, ordenou que parassem os canhões.

Fizeram-se algumas tentativas com os índios para fixar um resgate, gritando de uns para os outros o que queriam e o que podíamos dar. Um bote esteve a ponto de ser baixado e enviado à terra, mas de repente Carvalho mudou de ideia e ninguém mais conseguiu demovê-lo. Devia ter farejado algo. Quando Serrão viu que puxávamos o barco de volta a bordo, compreendeu que estava acabado e começou a amaldiçoar o nome de Carvalho diante de Deus.

Viramos os navios e ficamos de popa para a praia, movendo-nos com rapidez, empurrados pelo vento austral, rumo à saída da baía.

Ninguém jamais pôde saber que destino teve o pobre Serrão. Mas posso imaginar.

Enquanto nos afastávamos, abandonando não só o capitão, mas também os despojos dos companheiros trucidados, voltei-me para um último olhar. Vi então a grande cruz erguida no topo do monte ser abatida pelos selvagens entre gritos de festa e chamas que se erguiam alto no céu cor de chumbo.

ANCORAMOS DIANTE DA ILHA DE BOHOL, a dezoito léguas de Cebu. Fizemos a chamada para ver quantos tínhamos restado. Responderam 115, dos 265 que éramos. Não o bastante para controlar os navios. Por isso decidimos encalhar a *Concepción*, que estava em pior estado, e queimá-la depois de transferir a tripulação e as mercadorias para os outros.

Um espetáculo terrível.

Carvalho agora tinha o comando supremo, enquanto oficial superior. Ficou com a almiranta, tendo Espinosa como imediato. A mim coube por direito hierárquico o comando da *Victoria*, com Poncero de piloto.

Sob o comando de Carvalho, muitas coisas mudaram. Não é nunca a razão a decidir, mas a inclinação.

Para obtermos víveres e mercadorias, dedicamo-nos à pirataria e aos saques em terra. Se avistávamos barcos, juncos ou qualquer outra coisa, atacávamos e o depredávamos. Seguimos assim por cinco meses, vagando pelo labirinto daquele vasto arquipélago sem nunca encontrar o caminho para as Molucas, navegando ao acaso no grande emaranhado do Mar de Sonda e acabando muitas vezes por perder a rota. Pegamos o caminho de sul-sudoeste, costeando a ilha chamada Panilongon, na qual viviam homens de pele negríssima. Depois chegamos a uma ilha grande chamada Mindanao. Seu rei tirou muito sangue dos braços, da mão esquerda, da língua, do rosto, para estabelecer a paz conosco. Somente Pigafetta desceu à terra e seguiu aquele rei num barco por um rio infestado de crocodilos, em cujas margens surgiam habitações em palafitas. À noite, ele nos contou, ao longo das margens acendiam-se pequenas chamas em tochas de *anime* (assim chamam, como creio já ter mencionado, a resina usada para aquelas tochas). Ficou para jantar com eles, arroz e peixe meio cozido em tigelas de porcelana. Depois o rei mandou trazer esteiras de junco e travesseiros de folhas, e a casa mergulhou no silêncio.

No dia seguinte, depois do almoço, foi levado ao topo de um monte, onde se encontrava a casa da rainha, que vivia rodeada por dezenas de escravas. Do cume foram-lhe mostrados alguns vales mais abaixo, onde havia tanto ouro quanto há cabelos em nossa cabeça (assim disseram); entretanto, não dispunham de ferramentas para cavá-lo, nem desejavam fazê-lo pelo excessivo esforço necessário.

No fim da tarde Pigafetta voltou aos navios pelo rio, passando ao lado de um pequeno monte sobre o qual notou três homens enforcados numa árvore.

– Quem são? – perguntou.

– Ladrões e malfeitores – respondeu o rei, que se chamava Calanao.

Pigafetta limitou-se a franzir a testa, embora estivesse horrorizado.

À tarde partimos. A dois dias dali, passamos por uma ilha vasta chamada Lozon, e depois dela, empurrados pelo vento de poente, avistamos uma ilha despojada e quase desabitada. A escassa população que a habitava era constituída por mouros banidos de Brunei, os quais circulavam com zarabatanas que lançavam setas envenenadas. Alguns juncos se aproximaram e começou uma tempestade de setas. Para escaparmos daquele tiro ao pombo, redobramos as velas.

A vinte e cinco léguas dali, entre o poente e o mistral, encontramos uma ilha grande, muito rica. Para alguns, mortos de fome como estávamos, pareceu a terra prometida. O rei fez uma incisão no peito para selar a paz conosco, depois tocou a língua e a testa em sinal de amizade. Essa ilha, onde carregamos muitas provisões, chamava-se Palaoan. Mas não nos detivemos ali o suficiente para saber mais.

Depois de dez léguas, chegamos a Bornéu. O rei mandou ao nosso encontro um *prao* (assim chamavam suas embarcações) com proa e popa trabalhadas em ouro. Na proa tremulava uma bandeira branca e azul com penas de pavão. Do barco vinham sons, rufos de tambores e cantos. Oito homens subiram em nossos navios e se sentaram num tapete. Entregaram-nos um vaso de madeira pintada cheio de bétele e areca, com flores de jasmim e laranjeira, tudo coberto por um pano de seda amarelo. E mais duas gaiolas cheias de galinhas, além de um par de cabras, um vaso cheio de arroz refinado, feixes de cana doce e também vinho de arroz.

Alguns dias depois, o rei mandou outros três *praos* com muita pompa. Daquelas embarcações vinham sinfonias e ritmos de tambores e címbalos de latão. Circundaram os navios e fizeram reverências com os gorros de pano que envolviam suas cabeças. Oferecemos para o rei, por meio deles, uma túnica estilo turco feita de veludo verde, uma cadeira de veludo escuro, cinco braças de tecido vermelho, um chapéu, um copo dourado, um vaso de vidro, algumas folhas de papel e um tinteiro dourado; para a rainha, três braças de tecido amarelo, um par de sapatos prateados e um agulheiro de prata. O sultão daquela terra, chamada Brunei, recebeu-nos com dois elefantes vestidos com tecidos de seda e doze vasos cheios de presentes, carregados por doze homens com trajes cerimoniais.

Montamos nos elefantes e fomos até o palácio. Ao longo do caminho, as casas eram todas de madeira, construídas sobre grandes estacas que se afundavam na água salgada. Chegando ao palácio, o rei nos fez ficar para um banquete. Os talheres eram de ouro; os pratos e as bandejas, de porcelana. Os homens que se encontravam na moradia real vestiam tecidos de seda e ouro em volta das partes baixas, levavam na cintura punhais de cabo dourado decorados com pedras preciosas e tinham nos dedos muitos anéis.

O rei era mouro e chamava-se Siripada. Tinha 40 anos, vivia rodeado apenas de mulheres e crianças – seus filhos, sobrinhos e netos – e não saía nunca do palácio, a não ser para caçar. Sua fortaleza tinha cinquenta e seis bombardas de metal e seis de ferro, que mandou disparar em nossa homenagem.

Quando caiu a noite, dormimos em colchões de algodão, com fronhas de tafetá e lençóis de cânhamo. Por todos os lados havia castiçais de prata.

Não me sentia tranquilo. Havia como que um ar de esquecimento por toda parte.

Na manhã seguinte, como único agradecimento, raptamos o filho do rei para obter o resgate em ouro puro e três virgens de seu harém, que Carvalho arrastou consigo a bordo e trancou em sua câmara, sem dividi-las com ninguém.

De frente para Brunei havia uma ilha pequena chamada Labuan, governada por um rei gentio sempre em guerra com o mouro. Saqueamo-la também.

Pigafetta recusava-se a tomar parte nos saques, entocando-se com cada vez mais frequência em seus aposentos e escrevendo seu relato.

Uma noite interroguei-o a respeito.

– Não deves estar escrevendo sobre essas coisas.

– E por que não? Deve ser um relato verdadeiro.

– Não podes fazer isso – disse.

– Pois posso, sim.

– Acredite, estás te arriscando. Se Carvalho vier a saber, podes ter problemas.

– E quem dirá a ele?

– Eu não. Mas ele pode descobrir sozinho. Todos sabem que manténs um diário de bordo minucioso.

– Correrei o risco. E além disso agora eles têm outras coisas em que pensar, como deves ter percebido...

– Faz como preferires. Eu avisei.

E saí irritado, sem me despedir.

Partindo daquela ilha, dois dias depois a *Trinidad* encalhou próximo a um atol chamado Bibalon; desencalhá-la não foi trabalho fácil.

Capturamos um *prao* cheio de cocos que ia para Brunei. Depois encontramos uma enseada segura entre Brunei e Cimbonbon e ancoramos com a intenção de consertar os navios, que estavam fazendo água. Ficamos ali por duas semanas, pois não tínhamos as ferramentas apropriadas nem materiais suficientes. A ilha era cheia de porcos selvagens, crocodilos, ostras, mariscos e folhas que quando caíam das árvores pareciam caminhar.

Cansados daquele vagar sem rumo e da arrogância de Carvalho, decidimos destituí-lo do comando, que foi dividido entre Espinosa, este que vos fala e Poncero, a partir daquele momento comandante da armada, sendo o mais experiente naqueles mares.

Carvalho estrilava como uma águia enquanto levávamos embora as mulheres. Somente a ameaça de colocá-lo a ferros conseguiu aplacá-lo. Mas era bom ficar de olho nele. Podia tentar sabotar as naus – parecia disposto a tudo para recuperar o comando.

Alguns dias depois o pegamos tramando uma conspiração com alguns marinheiros que lhe tinham permanecido fiéis. Decidimos nos livrar dele jogando-o no mar, como comida para os tubarões, sob o olhar horrorizado de Pigafetta, que se recusou a me dirigir a palavra por dias. Poupamos seus cúmplices porque precisávamos de braços para conduzir os navios.

Mas nem mesmo com o poder nas mãos de um triunvirato as coisas pareceram melhorar. Voltamos a vagar sem um rumo, incapazes de encontrar o caminho para as Molucas.

Seis dias depois de partirmos daquela ilha, encontramos um junco, e a bordo dele o governador de Palaoan. Capturamo-lo para obter um resgate (quatrocentos medidas de arroz), mas, dada sua prodigalidade, no fim retribuímos com presentes igualmente generosos.

Retomamos o caminho pela quarta entre levante e siroco, sempre em busca da rota para as Molucas.

Passamos ainda por muitas ilhas – Chipit, Joló, Taguima – cujas águas abundavam de pérolas. E ainda: Taripe, Monoripa, cheia de canela, e aproveitando o sopro do gregal[28] chegamos a uma grande cidade na costa de Buluan. Ali tomamos à força um *bignadai* (uma embarcação semelhante ao *prao*) e matamos sete homens. Entre os que restaram, um disse ser irmão do rei de Mindanao e conhecer a rota para as Molucas. Deixamos o rumo do gregal e retomamos o do siroco. Passando diante da ilha de Calegan, ele nos disse que ali habitavam homens peludos, excelentes combatentes e arqueiros, com espadas de um palmo de largura, que costumavam comer o coração dos inimigos cru, temperado com suco de limão e laranja. Chamavam a si mesmos de *benajan*, "devoradores de carne humana".

Realmente um bom nome, pensei.

Prosseguindo com o siroco nas velas, aproximamo-nos de cinco ilhas: Ciboco, Biraham, Batolach, Sarangani e Candigar. Uma grande tempestade veio ao nosso encontro, da qual nos salvamos com grande dificuldade, com São Telmo no alto do mastro grande por duas horas, São Nicolau no mastro de mezena e Santa Clara em cima da traquete, como a gente do mar costuma dizer.

No porto de Sarangani, capturamos dois pilotos que conheciam o caminho para as Molucas, sendo originários de lá.

Ainda deixamos muitas ilhas para trás – Cheava, Caviao, Cabiao, Camanuca, Cabaluzao, Cheai, Lipan, Nuza –, todas governadas por rajás.

---

[28] Gregal: vento do nordeste; o nordeste na rosa dos ventos. [N.T.]

À noite, enquanto estávamos ancorados diante da ilha de Sanghir, um dos pilotos que tínhamos capturado se jogou na água e fugiu a nado. O filho pequeno que levava consigo morreu afogado.

No dia seguinte, prosseguindo na rota que nos tinham indicado, deixamos para trás muitas outras ilhas – Karakita, Pará, Zangalura, Cian, esta última distante dez léguas de Sanghir. Deixando às nossas costas Zoar e Mean, na quarta-feira, 6 de novembro, depois de muito vagar, vimo-nos diante de quatro ilhas altas a levante, a quatorze léguas de distância.

O piloto que tinha sobrado disse:

– Estas são as Molucas.

Aquelas palavras, lembro-me bem, ressoaram em meus ouvidos por muito tempo. Como o ruído de uma concha.

Agradecemos a Deus e de alegria descarregamos toda a artilharia. Fazia 27 meses que estávamos no mar em busca da terra prometida. E agora, depois de quase dar a volta ao mundo viajando para o Leste pelo Oeste, eis-nos diante de nossa meta.

Logo percebemos que as águas eram profundas, diferentemente do que escreviam os pilotos portugueses em seus relatos, os quais sustentavam não ser possível aproximar-se muito.

No horizonte destacavam-se os montes cobertos de florestas de Ternate e Tidore, duas das ilhas maiores, com as quais sonhávamos havia tanto tempo.

Na sexta-feira, 8 de novembro de 1521, três horas depois do pôr do sol, entramos no porto de Tidore e baixamos as âncoras numa profundidade de vinte braças. Para festejar, descarregamos a artilharia.

Trata-se de um arquipélago vasto e heterogêneo. Tidore encontra-se a vinte e seis minutos de latitude norte, a cento e sessenta e um graus de longitude da linha de demarcação e distante nove graus e meio da ilha mais próxima no arquipélago, chamada Zamal. Ternate fica a dois terços de grau, latitude norte. Mutir, pouco abaixo da linha equinocial. Makian encontra-se a um quarto de grau de latitude norte e Bacan, a um grau. Ternate, Tidore, Mutir e Makian têm altos picos sobre os quais crescem os cravos, enquanto em Bacan há um maciço arredondado sobre o qual floresce a parte mais substancial dos cravos do arquipélago. Das outras ilhas não falarei porque ficaram fora da nossa ação.

No dia seguinte veio aos navios o rei da ilha a bordo de um *prao*, dando voltas em torno deles para admirá-los.

Mandamos um bote ao seu encontro para saudá-lo.

Ele fez alguns dos nossos subirem no *prao*, mandou-os sentar ao seu lado – estava numa pequena cadeira de espaldar alto, embaixo de um guarda-sol de seda. Ao lado dele sentava-se um de seus filhos, que segurava o cetro real e tinha à sua frente dois vasos de ouro cheios d'água para lavar as mãos e outros dois cheios de betre, ou bétele.

O rei era mouro (mas com remanescentes de crenças animistas) e chamava-se rajá sultão Al-Mansur. Tinha por volta de 45 anos, uma boa constituição, com um porte de realeza, e era um famoso astrólogo. Vestia uma camisa de tecido branco muito fina, com os punhos das mangas trabalhados em ouro, e um pano alvo envolvia-o da cintura para baixo. Caminhava descalço. Ao redor da cabeça usava um véu de seda com uma guirlanda de flores.

O rei disse que éramos bem-vindos e nos contou que já fazia algum tempo que sonhara com nossa chegada. Agora que nos via de perto, dizia ele, tinha a prova de que éramos nós mesmos que estava esperando.

Convidamo-lo para subir a bordo dos navios e todos os marinheiros e oficiais beijaram suas mãos. Conduzimo-lo ao castelo de popa e lhe indicamos a sala abaixo dele; porém, vendo a portinha baixa, recusou-se a entrar porque precisaria se abaixar e quase se curvar. Então encontramos um modo para que entrasse pelo alçapão de cima.

Uma vez lá dentro, convidamo-lo a sentar-se numa cadeira de veludo vermelho depois de lhe dar para vestir uma túnica de cetim amarela em estilo turco, que ele apreciou muito.

Para demonstrar ainda mais respeito, sentamo-nos todos no chão diante dele.

Depois que nos sentamos, o rei começou a dizer que ele e seu povo não queriam nada melhor que serem fidelíssimos amigos e vassalos do rei da Espanha, e que nos acolhia como seus filhos. Acrescentou que, se descêssemos em terra, deveríamos sentir-nos em casa, pois de agora em diante a ilha não se chamaria mais Tidore, mas Castela, pelo grande amor que ele tinha por nosso rei, seu senhor.

Enchemo-lo de presentes e fizemos o mesmo com seu filho e com os outros dignitários que o acompanhavam.

Quando viu que continuávamos a lhe dar presentes, pediu que parássemos, considerando-se mais que satisfeito.

De sua parte, não tinha nada além da própria vida para dar ao rei da Espanha – assim nos disse.

Acrescentou também que podíamos aproximar ainda mais as naus da cidade se quiséssemos e, se algum de seus súditos se aproximasse demais à noite, poderíamos matá-lo.

Em seguida quis predizer nosso futuro. Mandou um servo lhe trazer um pequeno baú, do qual tirou algumas cartas, que depositou no chão conforme uma ordem conhecida por ele apenas. Sobre cada uma delas, em cores vivas, estavam representadas estranhas figuras geométricas que, se fitávamos por muito tempo, produziam uma sensação de profunda vertigem. Confesso que, estando a ponto de perder os sentidos, tive que desviar o olhar imediatamente.

O rajá, que parecia imune àqueles efeitos, deu uma olhada para mim e depois ficou encarando as cartas por alguns minutos; por fim, recolhendo-as e devolvendo-as ao servo, disse:

– Hoje não ser dia favorável. – E isso foi tudo. Mas eu creio, pela expressão grave em seu rosto, que tinha visto algo desagradável.

Logo em seguida pareceu mudar de ideia. Puxou-me de lado, em meio ao espanto dos presentes, e me disse baixinho:

– Tu não matar tua mãe.

– O q-quê? – gaguejei. – Não estou entendendo...

– Eu acho que entender, sim – disse ele, num tom pacato. – Tua mãe doente muito tempo. Tu não ter culpa. Agora compreender o que digo?

– Claro, mas como sabe disso? – perguntei assombrado, virando-me para Pigafetta, que olhou-me balançando ligeiramente a cabeça, sem entender. – Quero dizer...

– Eu sei – disse o rajá Mansur – porque as *ojias* me disseram...

– *Ojias*?

– Ah, não bem elas; mas espíritos que moram dentro e governam.

Fiquei sem palavras.

– Quis fazer isso por ti – concluiu. – Agora sabes. – E deu-me as costas, voltando aos outros e deixando-me petrificado.

Pouco depois, trocadas as últimas gentilezas, fez sinal de que queria ir embora. Quis voltar pelo alçapão, tanto que tivemos de levantá-lo em quatro.

Enquanto ia embora, descarregamos as bombardas.

Mais tarde, quando confessei tudo a Pigafetta, ele sorriu e disse apenas:

– Fico feliz por ti.

– Oras, estou falando sério – disse eu. – Que valor podem ter as palavras dele? O que não me explicou foi como conhece a minha história.

– Ah, não acho que a conheça em detalhes – disse Pigafetta. – Mas, de qualquer forma, deixei de me fazer esse tipo de pergunta já faz algum tempo.

Bom para ti, pensei.

Uma coisa é certa: a partir daquele momento, minha mãe parou de aparecer para mim.

Dois dias depois, o rei veio de novo nos visitar e quis saber quanto tempo fazia que tínhamos partido da Espanha; quando lhe dissemos, ficou muito surpreso. Depois perguntou qual seria nosso pagamento. Insistia para ter uma carta de salvo-conduto assinada pelo rei da Espanha e uma bandeira real porque, explicou-nos, estando sempre em guerra com o rei da ilha da frente (Ternate), caso precisasse fugir, poderia assim ir para a Espanha com um de seus juncos, para receber a hospitalidade de nosso senhor mostrando a carta assinada e o estandarte real.

Mas se por sorte do destino vencesse, então colocaria no trono de Ternate um neto seu chamado Calanogapi, e ambos se proclamariam súditos do rei da Espanha, pelo qual estavam dispostos a morrer.

Dizia isso porque queria ganhar aliados na guerra com o rei de Ternate, que por sua vez podia contar com o apoio dos portugueses, presentes naquela ilha havia um lustro.

Solicitou ainda que deixássemos com ele alguns homens quando partíssemos, de modo que, tendo-os sempre diante de si, pudesse se lembrar de seu senhor, o rei da Espanha.

– Amanhã – contou-nos – vou a Bacan, a dois dias de mar daqui, para conseguir todo o cravo que procuram, já que os secos que guardamos aqui não são suficientes para encher os navios. Mas hoje é dia de festa, vamos descansar.

Agradecemos e ele se despediu.

Devo admitir que sua presença me deixava desconfortável; tinha a sensação de que lia meu pensamento.

Na segunda-feira, 11 de novembro, veio até os navios, com dois *praos*, um dos filhos do rei de Ternate, cujo nome era Chechilideroix, todo vestido de veludo vermelho e tocando aqueles címbalos que já conhecíamos. Mas não quis subir a bordo. Viera para nos entregar a mulher, os filhos e os pertences de Francisco Serrão.

Foi assim que ficamos sabendo da morte deste.

Para não agir mal com Mansur, mandamos alguém perguntar se podíamos receber o filho do rei de Ternate, seu inimigo. Ele mandou nos responder que podíamos fazer como considerássemos melhor.

O filho do rei de Ternate, deixado esperando no barco, irritou-se e mandou os *praos* recuarem. Tivemos que enviar um barco cheio de presentes para fazê-lo se acalmar. Antes que fosse embora, trocamos algumas palavras com um índio cristão chamado Manuel, que estava no barco dele e se apresentou como servo de um certo Pedro Alfonso de Lorosa, português, vindo de Banda para Ternate pouco depois da morte de Francisco Serrão. Disse-nos que seu senhor desejava encontrar-nos.

Entregamos-lhe uma carta com a qual convidávamos Lorosa a nos visitar na primeira oportunidade.

Este não nos fez esperar, aparecendo já no dia seguinte, à tarde, a bordo de um *prao*.

Trouxemo-lo a bordo da *Victoria* e o convidamos para almoçar.

Era um sujeito espontâneo, baixinho, ligeiro, com uma longa barba preta e uma memória prodigiosa. Sentou-se à mesa e mandamos servir pratos saborosos. Entre um prato e outro, contou-nos muitas coisas curiosas, uma vez que vivia nas Índias havia dezesseis anos e nas Molucas, havia dez.

– Os portugueses – disse – descobriram as Molucas faz dez anos, mas escondem isso dos espanhóis porque temem que elas se encontrem na área de competência deles: os cálculos dos astrônomos e dos cartógrafos, muitas vezes discrepantes, não servem para esclarecer a questão.

Tinha uma voz pacata e agradável.

– É – disse eu –, também para nós a coisa parece não estar clara.

– Mas conte-nos de Serrão – interveio Pigafetta, parando de mastigar. – Como morreu? Sabe de alguma coisa?

– Não sei se devo falar. – Olhou em volta e julgou que podia. – Morreu há oito meses e agora vou lhes dizer como. Com certeza sabem que o sultão Mansur de Tidore e o rajá Abuleis de Ternate estão frequentemente em conflito entre si. Serrão quis entrar no meio da disputa. Foi capitão-general do rei de Ternate contra o rei de Tidore, comandando sua frota. E tanto fez que obrigou o sultão Mansur a dar uma de suas filhas como esposa ao rei de Ternate e a oferecer como reféns quase todos os filhos dos nobres.

Quando a paz voltou, um dia Serrão veio a Tidore para negociar cravos-da-índia e o rei, ao saber, convidou-o para um banquete em sinal de amizade e nele mandou envenená-lo com folhas de bétele. Agonizou por quatro dias, antes de morrer. E deixou um filho e uma filha pequenos, uma mulher que trouxera consigo de Java Maior e duzentos *bahares*[29] de cravos-da-índia. Quem era Serrão para os senhores, se posso perguntar?

– Era um amigo fraterno de nosso capitão-general, Fernão de Magalhães – respondeu Pigafetta, e vi seus olhos marejarem de lágrimas.

Contamos a história toda: as cartas que Serrão escrevera de Ternate, enquanto o capitão se encontrava em Malaca, convidando-o a vir, e que tinham sido o início de tudo; como Magalhães fora para a Espanha pela grave inimizade que desenvolvera com o rei de Portugal, o qual se recusara a lhe conceder, apesar de todos os méritos, um pequeno aumento em sua pensão.

– E depois da morte dele, o que aconteceu? – perguntei, levando a conversa de volta para Serrão.

– Não se passaram nem dez dias e o rajá Abuleis também foi envenenado por uma de suas filhas, casada com o rei de Bacan, que naquele tempo era aliado de Mansur. De seus nove filhos, o poder agora passou às mãos do terceiro na ordem de nascimento, o tal Chechilideroix.

– Nós o conhecemos – eu disse. – Um sujeito arrogante.

– É – fez ele. – Tanto quanto o pai.

– O intérprete nos disse que ele era príncipe e não rei – observou Pigafetta.

– É porque o trono ainda é disputado – explicou o português. – A política daqui não é menos sutil e complicada que na nossa terra.

---

[29] Bahar: antiga unidade de medida de peso utilizada no Oriente, com muitas variações de valor. Lawrence Bergreen, em *Fernão de Magalhães: para além do fim do mundo – A extraordinária viagem de circum-navegação*, afirma que um bahar de cravos-da-índia equivalia a 185 quilos. [N.T.]

Devem saber que com frequência se acendem rivalidades entre as ilhas deste arquipélago, e o jogo de alianças muda constantemente. Enquanto o velho rei era vivo, Ternate, ainda que pequeníssima, dominava as demais. Tidore era sua rival em todas as disputas. Mutir e Makian não têm rei, sendo governadas de forma republicana, e por isso suas alianças mudam o tempo todo. Bacan, que também tem um rei e é a mais rica em cravo, toma partido ao sabor do vento. E depois há a grande ilha de Gilolo, que podem ver aqui à nossa frente. Leva-se quatro meses para dar a volta nela. – Indicou um ponto no horizonte, através da escotilha, e todos vimos uma grande montanha azul e verde. – Mas agora ela fica de fora das disputas, porque está devastada por uma dura rivalidade entre os dois reis que a governam: um na costa, outro no interior. O primeiro é mouro, o segundo, gentio. O primeiro tem duzentas mulheres e seiscentos filhos. Assim dizem. O segundo não tanto. Às vezes um parece prevalecer, mas logo em seguida é o outro. E assim há anos.

– Cada terra com seu uso... – começou Pigafetta, mas não concluiu.

– Os reis mouros daqui podem ter todas as mulheres que desejarem, mas têm uma principal, com a qual passam o dia. Cada noite o rajá escolhe aquela que mais lhe agrada. Mas ninguém a quem não seja dada permissão pode vê-las, sob pena de morte. Cada família é obrigada a dar ao rei uma de suas filhas. É por isso que os rajás destas terras têm tantas mulheres. Claro, se não são de seu gosto, podem recusá-las. Mas raramente acontece.

– O difícil deve ser mantê-las todas – observei com um sorrisinho amarelo. – E sobretudo satisfazê-las todas.

– É um costume que diz respeito apenas aos rajás, que de fato são riquíssimos – respondeu ele.

– Aceita outro copo de vinho? – perguntei, estendendo a mão para o jarro.

– Mas é claro. Acho o vinho de arroz uma delícia. Onde o compraram?

– Na verdade, nós o requisitamos a um junco no Mar de Sonda umas semanas atrás – admiti.

O português deu uma gargalhada.

– Pirataria, é? Nós também, de vez em quando... Mas agora, se permitem, há uma coisa muito grave que devo dizer-lhes. Como simpatizei com os senhores, quero adverti-los.

– Estamos ouvindo – disse eu, enquanto Espinosa continuava me lançando olhares turvos de descontentamento, convencido que estava bêbado e que logo começaria a falar demais.

– Pois escutem. Há menos de um ano veio de Malaca para Banda, onde eu me encontrava, um galeão português; fez um carregamento de cravos-da-índia, mas, devido ao mar ruim, não pôde partir por alguns meses. Seu capitão se chamava Tristão de Menezes. Por ele soube que zarpara de Sevilha uma armada de cinco navios para chegar às Molucas em nome do rei da Espanha. E que quem a comandava era um português de nome Fernão de Magalhães.

Sorrimos.

Lorosa continuou:

– E como Dom Manuel, rei de Portugal, estava furioso que um português estivesse comandando esses navios contra os interesses de seu país, mandou muitos navios em direção ao Cabo da Boa Esperança, e outros tantos em direção ao de Santa Maria, para bloquear a passagem deles. Mas não o encontrou. Quando soube que a frota de Magalhães atravessara um estreito, alcançara o grande oceano e estava indo rumo às Molucas, escreveu imediatamente para seu governador nas Índias, Diego Lopes de Sequeira, para que mandasse seis navios às *Islas* para enfrentá-lo. Porém, em razão da guerra que se preparava para lutar contra o sultão de Constantinopla, que havia anos ameaçava seu comércio, Sequeira precisou esperar, obrigado a empenhar sessenta navios no estreito de Meca, na Terra de Judá. Mais tarde enviou um galeão com duas fileiras de bombardas, mas este, devido aos fortes ventos contrários e certos baixios, precisou retornar. Alguns dias antes de chegarem, veio a Tidore uma caravela portuguesa acompanhada de dois juncos para obter notícias a seu respeito.

— E o que descobriram? – perguntei.

— Nada, uma vez que ninguém ainda sabia que chegariam.

— Bom. E depois?

— Então os juncos com sete portugueses a bordo viraram as velas para Bacan, onde fizeram um carregamento de cravos-da-índia. Mas, quando chegaram aqui, tomaram certas liberdades com as mulheres, apesar da advertência do rei, e foram mortos. Quando os que estavam na caravela souberam do ocorrido, giraram as proas e foram para Malaca, abandonando aqui os juncos carregados com quatrocentos *bahares* de cravo e outras mercadorias. Foi isso que aconteceu. Mas precisam ficar alerta. Os portugueses estão no rastro dos senhores. E não creio que tardem muito a descobrir onde estão.

— Agradecemos muito – eu disse. – Mas fique tranquilo. Não nos deixaremos pegar.

— Espero, ainda que não devesse dizer isso. Tomem cuidado. Este mar é muito trafegado por mercadores portugueses e também por navios de guerra. Todo ano vêm juncos de Malaca para Banda para carregar macis e noz-moscada. E de Banda para Bacan, que dista apenas três dias, para carregar cravos-da-índia. De Malaca até aqui são só quinze dias, tenham isso em mente.

Contou-nos ainda muitas coisas, e ficamos tão bons amigos que, ao nos despedirmos, faltou pouco para lhe oferecermos o comando de um navio.

Mas antes que fosse embora chamei-o de lado e perguntei à queima-roupa:

— E do rajá Mansur, o que me diz?

Pelo modo que eu o olhava, compreendeu imediatamente.

— Refere-se aos seus... estranhos poderes?

— Exatamente. Parece até que consegue ler nosso pensamento.

– Digo apenas isto: – fez ele, cobrindo a boca com a mão – melhor tê-lo como aliado.

Assenti. Depois disso nos despedimos.

Enquanto isso, o rajá Mansur num único dia fizera levantar no centro da cidade uma casa para guardar nossas mercadorias. Levamos tudo para lá e colocamos três homens de guarda. Em seguida começamos a comerciar, comprando cravo-da-índia em grande quantidade, até encher os navios. Em troca oferecíamos muitas das mercadorias que tínhamos roubado durante a navegação.

Todos os dias vinham aos navios barcos carregados de galinhas, cabras, figos, cocos e outras maravilhas. E também água cristalina.

Demos ao rei as três princesas que tínhamos raptado em Brunei. Ele ficou muito contente, achando-as dóceis e de grande beleza.

Um dia veio aos navios e pediu-nos que em sua honra matássemos todos os porcos, porque, como bom maometano, não os suportava, e o vento levava o fedor deles até a cidade. Enquanto os matávamos, ele e seus dignitários cobriram o rosto para não os ver e taparam o nariz para não sentir o cheiro.

Passado um mês, com os navios exageradamente carregados, a ponto de quase não conseguirem flutuar, comunicamos ao rei nossa intenção de partir. Os porões transbordavam: além de água e provisões, havia cravo, pó de ouro, pedras preciosas, macis, noz-moscada e uma grande quantidade de aves-do-paraíso, para o deleite das nobres damas de Castela. Em troca déramos cobre, tecidos de linho, espingardas, bestas, casacos, cintos, cordas, algumas camisas de cetim e muita mercadoria roubada.

Quando o rei soube da nossa partida iminente, ficou muito desgostoso e quis escoltar-nos até os navios, junto com o rei de Bacan e um filho do rei de Ternate, para nos dar um último adeus.

A *Victoria*, sob o meu comando, içou as velas e fez-se ao largo, impulsionada pelo vento de levante. Porém, como a *Trinidad* estava demorando, mandei voltar. Aquela ainda estava no porto, fazendo água por uma fenda que não se conseguia encontrar, ainda que cinco dos melhores nadadores indígenas enviados pelo rei tivessem mergulhado para localizá-la. Talvez fosse por conta do peso excessivo do navio, carregado de mercadorias fora de qualquer proporção. Ouvia-se a água entrando como se fosse bombeada por um cano. Foi necessário descarregá-la para ver se era possível remediar. Passamos aquele dia inteiro e o seguinte bombeando água para fora para esvaziá-la. Porém, como não foi possível, decidiu-se que, para não perder o bom vento, a *Victoria* zarparia por conta própria enquanto a almiranta ficaria lá para reparos.

O rei prometeu mandar virem do outro lado da ilha três nadadores que conseguiam ficar embaixo d'água por muito tempo.

Na sexta-feira chegaram e mergulharam por uma hora, sem voltar à tona.

— Quem irá à Espanha levar notícias de mim? — disse então o rei, começando a chorar.

Eu sabia bem que era tudo encenação.

— Irá a *Victoria* — apressei-me em dizer, fingindo querer consolá-lo.

Ele me abraçou e parou.

O que restava fazer, portanto, senão voltarmos ao mar sem a *Trinidad*, deixando sua tripulação em Ternate esperando para colocá-la em seco e poder consertá-la?

Esperar mais seria imprudente, dada a monção favorável que soprava de levante. E era hora de voltar à pátria e levar notícias ao rei.

Os cinquenta e um homens da tripulação da *Trinidad* ficariam, enquanto os quarenta e seis da *Victoria*, sob meu comando, partiriam junto com treze índios que tinham optado por embarcar conosco e com Pigafetta, que no último instante me suplicou que o deixasse subir a bordo, ansioso como estava para retornar e publicar seu relato.

Um depósito bem vigiado guardaria enquanto isso as mercadorias descarregadas da almiranta.

Estabeleceu-se ainda que, uma vez reparada, a *Trinidad* esperaria os ventos de poente para tomar a direção de Darién, do outro lado do mundo, nas terras de Diucatan,[30] a fim de manter-se a distância dos portugueses.

Antes de partir, aliviamos a *Victoria* em duzentas libras de cravos-da-índia.

Alguns dos nossos quiseram permanecer em Ternate, à espera de que a almiranta fosse consertada, confiando pouco nas condições da nau que eu comandava. Temiam que pudesse não aguentar o mar até a Espanha e sobretudo temiam morrer de fome durante a longa travessia.

No sábado, 21 de dezembro, o rei veio às naus com os dois pilotos que nos havia prometido, para que nos conduzissem para fora do emaranhado de ilhas e nos colocassem na rota certa.

Pouco antes de ir embora, colocou na minha mão uma estatueta de madeira em forma de crocodilo e disse:

– É o deus Mokun. Segura com força, em caso de perigo. Ele te ajudará.

Agradeci calorosamente, mas por dentro ria.

Esperando as cartas escritas pelos homens da *Trinidad* para levarmos para a pátria, deu meio-dia. Chegada a hora, os navios se despediram um do outro descarregando bombardas que pareciam um lamentoso adeus entre pessoas amadas.

Alguns acompanharam a *Victoria* a bordo de barcos até o limite da baía; depois, entre abraços e lágrimas, os dois grupos se separaram. Os que ficavam viraram as embarcações e retornaram à ilha, enquanto o sol poente tingia a enseada de vermelho.

---

[30] Região de Darién e Península de Iucatá, na América Central. [N.T.]

QUEM BUSCA COM VERDADE ENCONTRA. Por isso ouçam o que digo e encontrarão.

É verdade que traí Magalhães e não mereci sua confiança.

Mas a empresa que levei a cabo está entre as mais magníficas desde as origens da arte de andar pelo mar.

E posso dizê-lo, porque na verdade não fui eu a conduzi-la, mas o próprio Magalhães, ou melhor, seu espírito, que se apossou de mim. Não riam, asseguro que assim foi. A partir do momento em que assumi o comando da *Victoria*, não fui mais eu, o basco Juan Sebastián Elcano; foi ele, Magalhães, a completar a expedição. E o fez por intermédio de mim. Tornei-me ele em tudo. Ele entrara em mim e me guiava; eu me transformara nele. Não se distinguia um do outro. E fundidos éramos pior que a soma aritmética de nossos temperamentos isolados.

Ainda não imaginava que tal identificação se estenderia até o apagamento dele, de seu nome, de seus méritos, do mesmo modo que um filho mata o pai e o substitui no trono.

Estávamos no mar havia uma semana e tudo parecia correr bem. Tínhamos a bordo papagaios de todo tipo, que nos alegravam.

Havia um tipo branco chamado *catara* e outro vermelho, conhecido como *nori*, que falava com mais clareza que os outros.

Continuando nosso caminho, passamos por ilhas cujos nomes se perdiam nos ouvidos: Cayoan, Laigoma, Sico, Giogi, Cafi (povoada por pigmeus), Sulach, esta última a dois graus de latitude sul e cinquenta e cinco léguas das Molucas. E depois: Lamatola, Tenetum, Buru, Ambon, Vudia, Cailaruri, Benaya, Ambalao, Zoroboa, Chelicel, Samianapi, Manucan, Baracan, Ment. Algumas eram habitadas por mouros, outras por gentios, mas somente nestas últimas morava gente que se alimentava de carne humana. Isso nos explicou um dos índios que tínhamos a bordo.

Em Mallua, a oito graus e meio de latitude e sessenta e nove e dois terços de longitude da linha de demarcação, paramos para consertar o navio, que estava fazendo água. Os homens daquela ilha eram selvagens e bestiais, os mais horripilantes que já vira nas Índias.

O velho piloto que nos guiava, cujo nome era Mocul, começou a nos contar as histórias das ilhas que encontrávamos e daquelas que deviam estar em algum lugar não muito distante. Diante de uma ilha que chamou de Arucheto, disse:

— Aqui vivem homens e mulheres que não passam do tamanho de um braço. Têm orelhas do mesmo tamanho do corpo: fazem uma delas de cama e com a outra se cobrem. Andam nus, têm os cabelos totalmente raspados e passam o tempo correndo e cantando com uma voz fininha. Moram em cavernas subterrâneas e comem peixe e um miolo de árvore chamado *ambulon*.

Ficávamos a escutá-lo como quem presta atenção às palavras de um bardo. Ou de um louco.

Chegando a uma ilha chamada Timor, a cinco léguas de Mallua, saímos à procura de provisões. Eu, Pigafetta e outros três chegamos a uma cidade chamada Amaban. Ali negociamos para obter suprimentos, mas como os habitantes locais nos pediam muito, nós, forçados pela fome, pegamos algumas crianças como reféns para fazer com que seus pais nos pagassem em búfalos, cabras e porcos.

Como estes se mostraram mais generosos que o necessário, retribuímos também com presentes.

Aquela ilha era renomada pelo sândalo branco: todo o sândalo vendido em Java e em Malaca vinha de lá. Carregamos o máximo que pudemos dele, mas ainda podia ter sido muito mais.

Um dia recebemos a bordo dois pescadores para trocar cobre por peixe. Porém, quando percebemos que um deles exibia os primeiros sintomas da lepra, jogamos os dois no mar, onde nadavam os tubarões.

Em todas as ilhas pelas quais passamos, era sabido, reinava o mal de São Jó, que em outros lugares chamam de sífilis. Mas nem isso afastou os marinheiros dos prostíbulos.

Passando diante da costa de Java Maior, Mocul nos contou alguns dos estranhos costumes daquelas terras.

– Quando morre um homem importante – disse gesticulando –, o corpo dele é queimado. A esposa principal, adornada com guirlandas de flores, é carregada numa cadeira por três homens por todo o vilarejo, demostrando alegria para todos e confortando os parentes com estas palavras: "Não chorem, porque esta noite vou cear com meu querido marido e dormir com ele". Em seguida é levada à pira onde está queimando o marido e, voltando-se outra vez para os parentes e consolando-os, ela se joga na chama. Se assim não fizesse, não seria considerada uma mulher de bem nem uma verdadeira esposa.

Aquele costume pareceu-me uma bestialidade, mas não disse nada. Era um divertimento deixá-lo falar à solta.

– Quanto aos jovens – acrescentou Mocul com os olhos acesos –, quando se apaixonam, têm um estranho costume: amarram um fio com chocalhos no... Como chamam aquela pelezinha? *Pepúcio*? Depois vão até debaixo da janela das namoradas e, mostrando estarem urinando, agitam os penduricalhos. Quando elas ouvem o barulho, logo descem e se entregam a eles, divertindo-se muito de ouvir aquele negocinho soando dentro delas.

Três dias depois, passando diante de uma ilha pequenina e baixa chamada Ocoloro, Mocul nos contou como nela viviam somente mulheres, as quais engravidavam do vento. Se pariam filhos machos, elas os matavam, e se algum homem ia parar naquela ilha, também era assassinado.

Alguns dias depois, falou-nos de uma ilha localizada perto de Java Maior, para o norte, no golfo da China (chamado pelo antigos de *Sinus Magnus*), onde, segundo ele, encontrava-se uma árvore gigantesca em cujos ramos viviam pássaros chamados *garuda*.

– São tão grandes – disse, todo empolgado – e têm asas tão compridas que podem capturar um búfalo ou até um elefante e levá-lo para cima da árvore. Mas é uma ilha difícil de se aproximar por causa das fortes correntes e da pouca profundidade.

Calou-se um instante e depois acrescentou, fitando diante de si, com a mão aberta acima dos olhos, o horizonte limpo e cristalino:

– Um rapazinho que naufragou lá contou ter encontrado abrigo à noite embaixo das asas de um desses pássaros e ter visto de manhã com os próprios olhos um daqueles bichões pousar um búfalo nos galhos. Mas ninguém sabe dizer se é verdade.

Eram histórias fascinantes e estrambóticas, e sem ele não saberíamos como seguir em frente, até porque era o único a conhecer a rota sem precisar de mapas.

Quando estava especialmente animado, Mocul insistia para que o vendássemos, alegando que conseguiria conduzir o navio até de olhos fechados. Mas naturalmente ninguém lhe dava ouvidos.

Podia-se dizer que o trajeto das Molucas até a Espanha era seguro, em condições normais. Dezenas de veleiros portugueses o percorriam todos os anos, as rotas eram traçadas e guarnecidas pelos navios de Dom Manuel e, dispondo de bons instrumentos náuticos, não apresentavam grandes dificuldades. Ao longo das costas da Índia e depois da África, em Calicute, Malaca, Moçambique, Boa Esperança, Guiné, até as ilhas de Cabo Verde e dos Açores, havia portos seguros sob a bandeira portuguesa. Mas justamente isso precisávamos evitar.

No porto de Timor, aonde chegamos em 13 de fevereiro de 1522, ficamos sabendo da recompensa que Dom Manuel oferecera por nós, com ordens de nos prender e pôr a ferros. Fazia meses que navios de guerra nos caçavam.

A *Victoria* estava muito maltratada, mas, guiado pelo espírito de Magalhães, eu parecia capaz de conduzi-la e manter a tripulação sob controle.

Nos porões, uma carga de mil libras em mercadorias e provisões deixava-a mais pesada, aumentando muito o calado.

Deixando a distância Malaca, Sião e Camboja, Mocul descreveu-nos os costumes do povo de Chiempa, governado pelo rajá Brahaun Maitri.

– É ali que nasce o *rabárbaro* – disse. – Os homens que o colhem vão até a floresta, sobem nas árvores, até para evitar os leões e outras feras, e esperam anoitecer. Tarde da noite, o cheiro do *rabárbaro* bate forte, trazido pelo vento. Quando o dia nasce, eles seguem a direção do vento até encontrá-lo. Conhecem o *rabárbaro*?

– Não – respondeu Pigafetta.

– Não passa de uma grande árvore podre, por isso cheira tão forte. A parte melhor é a raiz.

Pigafetta, enquanto isso, anotava.

Entre nós caíra o silêncio. Já não nos falávamos muito. Com o passar do tempo, nossas diferenças tinham-se transformado em barreiras e nossos caminhos tinham acabado por divergir.

Seguindo adiante, sem nenhuma parada em terra firme, a grande distância de nós encontrava-se Cochim, governada pelo rajá Siri Bummipala. E depois a Grande China, cujo rei era considerado o mais poderoso do mundo; abaixo dele havia, assim diziam, setenta reis menores, cada um com dez outros abaixo deles. Seu nome era Santoa Rajá. O porto principal era (e ainda é) Cantão; suas cidades maiores, Nanquim e Pequim. A crer nos relatos de alguns viajantes europeus, quando alguém não obedecia, o rei mandava que fosse esfolado e empalado. Vivia cercado de mulheres num palácio de setenta e nove salas onde havia tochas acesas o tempo todo; para visitá-lo, um dia não era suficiente. No alto do palácio havia quatro salas, onde o rei recebia os príncipes subordinados a ele: uma era ornada de metal, de cima a baixo; outra era toda de prata; outra, revestida de ouro; e a última, de pérolas e pedras preciosas. Dizia-se que o palácio era cercado por sete muralhas e que em cada uma delas havia dez mil homens de guarda; e quando um sino tocava, outros dez mil vinham para substituí-los. Cada muralha, a crer em tais relatos, tinha uma porta, diante da qual ficava um guardião: na primeira um homem segurando um arpão, chamado *satu horan* com *satu bagan*; um cão na segunda, chamado *satu hain*; na terceira um homem com uma clava de ferro, chamado *cum pocum becin*; na quarta um guerreiro armado com um arco, chamado *satu horan* com *anac panan*; na quinta um guardião com uma lança, chamado *satu horan* com *tumach*; na sexta um leão, chamado *satu houman*; e na última dois elefantes brancos denominados *gagia pute*.

Dizia-se que, quando os vassalos lhe pagavam o tributo em ouro ou em outras mercadorias preciosas, deixavam os baús nessas salas pronunciando estas palavras: "Que isto seja para a honra e a glória de nosso Santoa Rajá".

Navegando mais adiante, deixamos a estibordo, à tramontana, a ilha de Sumatra, e depois chegamos à altura de Pegu, Bengala, Uriza, Chelin, Calicute, Cambaia, Cananor, Goa, Ormuz e da costa da Índia Maior, na qual se contava que os homens se dividiam em seis castas: acima de todos os Nairi; depois os Panicali, ou seja, os cidadãos, que podiam conversar com os primeiros; mais abaixo os Iranai, encarregados da coleta dos figos e da produção do vinho de palma; os Pangelini, que eram todos marinheiros; os Macuai, pescadores; e por último os Poleai, que semeavam e colhiam o arroz e moravam nos campos. Estes últimos eram proibidos de entrar nas cidades, e se alguém lhes dava alguma coisa, devia colocá-la no chão para que a pegassem dali, jamais entregar em suas mãos. Quando andavam pelas estradas, costumavam gritar: "*Po! Po! Po!*", que significa: "Cuidado comigo!".

— Aconteceu de um Nairi — disse-nos Mocul com um vago sorriso, segurando firme o leme — ser tocado por um Poleai e imediatamente se matar, para se livrar da desonra.

Essas e outras coisas nos contava em português, que conhecia um pouco, mas algumas nos contavam os outros índios que tínhamos a bordo.

O vento favorável ainda sopraria por alguns meses, depois se transformaria em brisa leve. Por isso procurávamos correr sobre o mar o máximo que podíamos, ansiosos para rever nossa casa.

Em 18 de março, no 38º grau de latitude, avistamos uma ilha desabitada que oferecia possibilidade de atracação. Permanecemos alguns dias nela para fazer provisões e calafetar o casco, que começava a fazer água, obrigando-nos a utilizar as bombas.

Por dias seguimos em frente entre o azul do mar e o do céu, que se soldavam ao longo da linha do horizonte.

Depois começamos a perceber um fedor cada vez mais azedo subindo do porão. Mandei o despenseiro verificar. Voltou com uma cara tão abatida que parecia a ponto de desfalecer.

— Comandante, toda a carne que guardamos no porão está apodrecendo.

— Mas como é possível? — perguntei, com a voz estrangulada.

— Foi mal salgada, eu acho.

Um buraco negro se abriu em meu cérebro, como um abismo de terror.

— Aquela que nos venderam em Timor?

Assentiu.

— O que sugere que façamos, Manolo?

— Em poucos dias teremos de nos desfazer dela jogando no mar.

Dava para ver que se esforçava para conter as lágrimas.

— E depois?

Mais que uma pergunta, era uma prece.

– Só nos resta racionar a comida desde já. O máximo que pudermos.

– Mas, tirando a carne, o que nos resta?

– Só arroz. Arroz e água. Mas ela também está apodrecendo.

Revi diante de mim o espectro do Pacífico. Sempre ele. O horrível e apavorante espectro da fome, da agonia, da morte, da putrefação.

– E então? – perguntei.

– Vamos fazer uma parada em Moçambique – disse ele, num tom de súplica.

– Mas isso significaria...

– Sim, capitão: nos entregarmos nas mãos dos portugueses. Mas não há outra solução.

Dava para ver que ele sentia um peso esmagador no peito.

– Antes a morte.

Disse isso num tom tão sombrio e cego que assustou até a mim mesmo.

Pelos olhos dele percebi que estava vendo Magalhães de volta à vida. Senti um calafrio.

– Convoque a tripulação – disse, como que me recarregando de energia.

Poucos minutos depois fiz meu discurso. Qualquer um deve ter percebido que eu era outra pessoa, e ninguém pôde deixar de pensar o que pensara o despenseiro, ou seja, que Magalhães tinha voltado.

Seja como for, convenci-os e fiz cada um jurar jamais nos entregarmos nas mãos dos portugueses, qualquer que fosse o preço.

Para minha surpresa, os marinheiros se disseram de acordo, e isso tornou as coisas mais fáceis.

Tentamos algumas descidas em terra na África para conseguir suprimentos, mas com pouco sucesso. As terras onde desembarcávamos tinham pouco a oferecer, estando as áreas mais pujantes guarnecidas pelos portugueses.

Chegando ao Cabo da Boa Esperança, que é o maior e o mais perigoso dos cabos do globo, mantivemos uma grande distância dele por medo das correntes e ficamos por nove semanas com as velas amainadas devido aos ventos enfurecidos do poente e do mistral; ainda assim, a tempestade levou-nos o mastro da traquete e rachou o mastro grande. E apesar de tudo fomos em frente. O espírito devia ter tomado a tripulação inteira. Especialmente à noite, alguns juravam ouvir o passo arrastado de Magalhães ressoando no convés, e sua voz entrando em seus ouvidos: "Presta atenção, rapaz, estou de olho em ti!".

Os primeiros a morrer foram os indígenas, entre eles o velho Mocul, cuja partida me doeu bem mais do que eu esperava. Depois foi a vez dos nossos, entre chagas e cólicas na boca do estômago. Os cadáveres eram imediatamente jogados ao mar: os nossos de rosto para cima; os indígenas com o nariz para baixo, conforme um costume deles.

Com Mocul, também acabam no mar todas as suas histórias, pensei com o coração apertado e os olhos marejados. Estava começando a me afeiçoar àquele velho louco.

No entanto, logo me esqueci dele e de suas histórias. O navio rangia e gemia, agora ao extremo. As enxárcias emitiam ruídos sinistros, assim como cada junta. As velas desfiavam cada vez mais.

Tudo isso enquanto a fome rondava pelo navio em busca de presas. E pensar que tínhamos os porões carregados de especiarias. Mas nada com que pudéssemos matar a fome. Sepultamos no mar dezesseis dos nossos e quinze indígenas. Foi então que experimentei os poderes de Mokun. Apertava-o tão forte que me dava calos nas mãos. Mas parecia funcionar. Pode ter sido uma coincidência, mas a mortandade cessou e o tempo voltou a ficar bom.

Finalmente, em 6 de maio dobramos o Cabo da Boa Esperança, mantendo-nos a uma distância de até cinco léguas, e duas semanas depois, sempre empurrados pelo mistral, entramos no Atlântico. Em 8 de junho passamos o Equador; em 21 de junho, paramos em Cabo Roxo. Mandamos um bote à terra, mas voltaram de mãos vazias: os indígenas tinham-se mostrado belicosos. Em 9 de julho avistamos as ilhas de Cabo Verde. Ancoramos no porto de Santiago, onde se encontra uma fortificação portuguesa.

E ali tentamos a sorte; ir adiante naquelas condições era desumano. Decidimos então atracar na enseada e mandar botes para comprar víveres. Contaríamos uma mentira: que nosso mastro de traquete se rompera sob a linha equinocial e que fôramos arrastados por uma tempestade para longe da rota, que apontava para as Américas. Com um pouco de sorte, os portugueses, sem suspeitar de nada, ofereceriam a ajuda que se costuma trocar entre a gente de mar. Nossos cálculos foram acertados. As autoridades portuárias não se preocuparam em enviar um funcionário para inspecionar o navio, e assim pudemos levar a bordo provisões suficientes para três meses.

O bote tinha ido e voltado três vezes; na quarta, algo aconteceu. Não o vendo retornar, fiquei apreensivo. Meus temores se confirmaram quando o capitão do porto começou a gritar do cais para nós e um galeão armado com uma fileira dupla de canhões desatracou rapidamente para vir em nossa direção.

O que fazer? Treze dos nossos tinham descido em terra para o último carregamento. Esperar por eles equivalia a nos entregarmos aos portugueses.

Tomei uma decisão tão difícil quanto inevitável.

Ainda que só me restassem dezoito homens (número insuficiente para governar o navio), tentei a sorte. Ordenei que soltassem as amarras e abrissem as velas, aproveitando o alísio de nordeste.

Ver isso como uma traição seria injusto. Os homens que abandonei lá se declarariam de acordo com minha decisão, tenho certeza disso. Ainda mais que, uma vez de volta à pátria, tomei providências para resgatá-los.

No início de agosto, depois de abrirmos uma boa distância entre nós e os perseguidores, começamos de novo a fazer água.

A quilha já estava muito surrada e muitas fissuras brotavam. Tentamos bombeá-la para fora, mas a quantidade que entrava era maior do que a que saía.

Alguém propôs que nos livrássemos de parte da carga para reduzir o calado. Eu me opus. Era propriedade do imperador e ninguém a tocaria, sob pena de morte.

Os homens revezavam-se para bombear, dia e noite, no lodo do porão, entre anteparas apodrecidas.

Não conhecíamos sono nem fome, tomados por uma obsessão. Segurávamo-nos em nossos postos como autômatos, sustentados por uma vontade inabalável. Mokun estava sempre ao meu lado: de vez em quando o apertava, como para me dar forças.

Em 4 de setembro, lembro-me como se fosse agora, um mês depois de avistarmos a alta montanha de Pico, nos Açores, veio da gávea o grito que esperávamos:

– Cabo de São Vicente!

Ali, naquele ponto exato, com aquele promontório que se erguia pontudo sobre o mar, começava o continente europeu. E de fato, dois dias depois, eis que surge a costa da Espanha, a foz do Guadalquivir e o campanário de Sanlúcar, a cidadezinha da qual partíramos quase três anos antes.

Toda a tripulação subiu ao convés para aproveitar o espetáculo. Uns saltavam de alegria, outros se abraçavam, outros jogavam o chapéu para o alto. Chorei de alegria. Não podia acreditar. Ainda um último esforço. A nau se arrastava com a água alagando parte do porão. As mercadorias tinham sido colocadas a salvo em cima de tábuas. Um barco emparelhou-se conosco e o piloto subiu a bordo. Vendo-nos, ficou espantado.

– De onde estão vindo? – disse. – Do Além?

Uma nova tripulação subiu a bordo trazendo pão acabado de assar, frutas, verduras, carne, e substituiu-nos na condução do navio.

Quando ancoramos no molhe principal de Sanlúcar, todos caíram no choro. Alguns se jogaram na água e alcançaram a margem a nado, beijando a terra que não viam nem tocavam fazia anos. Pigafetta se aproximou e apertou-me pelos braços. Nem uma palavra.

Era 6 de setembro do ano do Senhor de 1522. Aquela data seria lembrada como o dia em que um punhado de homens retornara de uma viagem até os confins do mundo, comparável apenas àquela de Ulisses. Pelos cálculos de Pigafetta, confirmados pelo piloto, tínhamos percorrido 14.460 léguas, completando como ninguém antes a volta ao mundo de poente a levante.

Agora, eu podia dizê-lo, éramos criaturas de um outro planeta, pois aquela viagem tinha-nos mudado no corpo e no espírito.

O dono de uma estalagem no porto ofereceu hospedagem para mim e para a tripulação, além de um lauto jantar. Pudemos assim nos restaurar e descansar comodamente. Na manhã seguinte, dezenas de cidadãos de Sanlúcar faziam fila carregados de presentes, pão quentinho, carne, frutas e vinho à vontade.

Sim, é verdade, ninguém se lembrava mais de nós; tinham-nos dado por perdidos nos oceanos. Mas agora todos pareciam reviver o dia da partida e nos festejavam como tocados por um milagre. Todos queriam saber, enchiam-nos de perguntas, sem jamais se saciarem de informações.

Assim que possível, escrevi ao imperador uma carta informando de nosso retorno e do sucesso alcançado, e pedindo que tomasse providências para a libertação dos homens abandonados em Cabo Verde.

Dois dias depois, um navio se encarregou de nos rebocar rio acima até Sevilha, pois era claro que sozinha a *Victoria* não conseguiria chegar lá.

Encontrávamos barcos ao longo do caminho, e todos nos festejavam, sinal de que a notícia da façanha se espalhara.

Então, quando vimos a distância o campanário da Giralda, ordenei que disparassem uma salva de artilharia e deixei-me cair no chão, esgotado, depois de livrar-me do Mokun jogando-o na água. Agora que retornara à civilização, não precisava mais dele.

Esse, creio eu, foi meu maior erro.

SEPARAMOS O BEM DO MAL, mas dentro de nós sabemos que são uma coisa só. Não deveríamos jamais ter medo de nos olharmos no espelho, mesmo depois de chegar ao fundo. E eu estava prestes a tocá-lo.

Limpos e descansados, no dia seguinte eu e os outros dezessete sobreviventes da grande armada que partira de Sevilha três anos menos quatorze dias antes seguimos em procissão – descalços e segurando uma vela votiva – até a igreja de Santa Maria de la Victoria, para pagar a promessa feita no dia da partida e rezar pelas almas dos companheiros mortos. Uma multidão se espremia de cada lado, assediando-nos e cobrindo-nos de perguntas. Estávamos extenuados e esqueléticos, vários anos mais velhos.

Acho que nos olhavam como grandes heróis míticos. Alguns devem ter pensado: *Deus os escolheu.*

No porto, durante todo o dia, as pessoas passaram para ver "aquela única e celebérrima nau, cuja viagem representa a empresa mais maravilhosa e o evento mais grandioso jamais visto desde que Deus criou o mundo e colocou sobre ele a primeira criatura". Assim escreveu um cronista.

Graças àqueles três anos ininterruptos de viagem, completáramos a circum-navegação do globo terrestre, façanha sequer imaginada e muito menos tentada antes. Demonstráramos que a Terra é esférica e tornáramos possível a mensuração exata de sua circunferência. Identificáramos uma passagem pelo poente para as Índias, que havia escapado até o último instante a Colombo. Anexáramos aos domínios do rei as Ilhas das Especiarias e iniciáramos a colonização do vasto arquipélago que viria a se chamar Filipinas. Sem contar a descoberta feita ao chegarmos às ilhas de Cabo Verde por Pigafetta, que se deu conta de que, seguindo o caminho do sol e circum-navegando o mundo, ganha-se um dia no calendário, e portanto o tempo pode ser vencido. (De fato, quando lá chegamos, ele ficou sabendo que era quinta-feira, enquanto para ele, que mantivera a contagem exata dos dias, sem jamais falhar, constava ainda ser quarta. O que foi confirmado pelo piloto Álvaro, que também contara escrupulosamente os dias transcorridos, registrando a rota em seu diário de bordo.) Por fim, regressáramos com um carregamento de 1.200 libras de especiarias que sozinhas bastavam para pagar os oito milhões de maravedis investidos, gerando ainda um ganho de quinhentos ducados de ouro. Um sucesso, portanto, se não contarmos a perda de vidas humanas.

Não disse nada da *Trinidad*, porque o coração ainda me dói. Basta saber que os poucos sobreviventes, já reduzidos a esqueletos e obrigados a viver em meio ao fedor de excrementos, vômito e carniça em decomposição (a tal ponto se reduzira a nau, depois de dias e dias vagando sem água nem víveres), foram capturados pelos portugueses antes mesmo de deixar o Oceano Índico e levados de volta a Ternate, onde alguns definharam numa cela e outros terminaram seus dias nos trabalhos forçados.

Resta desatar um último nó. Aquele dos traidores da *San Antonio*, que tinham voltado antes de nós depois de cinco meses de navegação e coberto Magalhães de calúnias diante da comissão real de investigação, declarando falsidades sobre tudo, como o próprio almirante previra, e até mesmo omitindo a descoberta da passagem. Tinham-se limitado a sustentar que no momento da deserção tínhamos entrado numa baía sem saída. Tinham testemunhado que o caminho buscado por Magalhães era em todo caso "inútil e sem vantagens", e atacado furiosamente sua memória, jurando solenemente que ele traíra a Coroa de Espanha, trucidando os administradores e os capitães do rei e confiando a frota a seus compatriotas e parentes. Alegavam que, portanto, sua deserção deveria ser considerada um ato patriótico, já que a razão pela qual tinham sido obrigados a fugir fora para salvar pelo menos uma das naus do rei e voltar à pátria para denunciar os malfeitos.

Porém, para a infelicidade deles, a comissão não os tinha considerado confiáveis, suspendendo o julgamento à espera do retorno, se é que ocorreria, dos navios e de Magalhães. Nem mesmo o testemunho de Mesquita, deposto do comando e aprisionado durante toda a viagem, fora julgado digno de fé. A comissão reservara-se o direito de julgar somente quando dispusesse de mais provas e testemunhos. Nesse meio tempo, os investigados ficariam nas galés ou em prisão domiciliar. A própria Dona Beatriz fora proibida de deixar Sevilha.

É por isso que os traidores temiam como a maior das calamidades o retorno de Magalhães, que esperavam estivesse já morto e sepultado em alguma terra remota, ou apodrecendo nas profundezas.

Quando souberam que a *Victoria* retornara, seu coração por pouco não parou de bater. Mas quando descobriram que Magalhães estava morto, ficaram embriagados de alegria. E ainda mais quando foram informados de que eu apenas estava no comando da embarcação que tinha retornado. Eu, que como eles traíra o almirante e, como seu cúmplice, sem dúvida lhes daria cobertura, corroborando seus testemunhos.

Com efeito assim fiz – e até hoje me amaldiçoo por isso –, dando plena sustentação à versão deles. E isso não pouco me valeu, trazendo-me todas as honras como único artífice da inigualável façanha.

Não importa se algo é verdade, basta que seja considerado como tal.

Dois dias depois da minha chegada, o imperador, de volta da Dieta de Worms,[31] quis se encontrar comigo no palácio de Valladolid. Mandou que levasse comigo os autos e escritos referentes à expedição e outros dois companheiros, escolhidos entre os mais valentes e de bom intelecto. Escolhi o piloto Álvaro e Pigafetta.

E ali, nas salas do palácio, a última e definitiva traição se completou. Não entreguei uma única linha escrita pela mão de Magalhães, escondendo para mim seu diário e todas as cartas que tinha escrito.

Não hesitei em atribuir-me todo o mérito, lembrando como tinha sido o primeiro a avistar o grande Oceano Pacífico, além do fato de ter conduzido de volta à pátria a única nau sobrevivente. E não tive escrúpulos em denunciar os métodos de Magalhães e sua conduta violenta para com os capitães do rei.

– Sempre suspeitamos que fosse um homem violento – disse o rei Carlos, cujo hálito pestilento tornava impossível qualquer resposta.

– Sua Majestade é sábio – consegui dizer apenas – e sabe ler no coração dos homens muito além das aparências.

Pigafetta, por sua vez, cometeu a insensatez de entregar o próprio relato ao soberano, que a partir daí cuidou para que não restasse nenhum traço dele. Anos depois, até para restabelecer a verdade dos fatos, Pigafetta o reescreveu por inteiro apenas com a ajuda da própria memória: um novo relato, na verdade, quase tão rico quanto o primeiro, que ele tentou divulgar por todos os meios e que encontrou atentos e importantes leitores em sua pátria. Aqui na Espanha, porém, aonde chegou em poucas cópias de uma tradução desajeitada, não encontrou mais que uma fria acolhida, e ninguém deu fé a suas palavras. Trabalhei pessoalmente para que seu escrito caísse em descrédito.

---

[31] A dieta era um tipo de assembleia política ou legislativa de alguns Estados europeus. [N.E.]

O próprio Pigafetta, diante do imperador, vendo os ventos que sopravam, considerara oportuno falar o mínimo possível; e quando, terminada a audiência, nos despedimos, era grande a frieza entre nós. Bem diferente de como fez quando, meses depois, foi recebido na corte pelo rei de Portugal (não mais Dom Manuel, mas Dom João) e depois pelo da França.

A acirrada contenda entre espanhóis e portugueses atravessava uma fase agudíssima, e na corte era palpável o desejo de diminuir as obras e os méritos de um português para agigantar aqueles de um nobre espanhol, que eu era, ainda que de pouca importância. Que tivesse sido eu a levar a término a expedição era de longe preferível à eventualidade de que tivesse sido um estrangeiro, ainda mais pertencente a um reino com o qual estava em curso uma rivalidade tão grande. Eis por que tudo conspirou para que meu nome ascendesse tão alto e o de Magalhães descesse tão baixo, até ser esquecido.

E de resto, de extinguir sua estirpe cuidara o destino, que se encarniçou contra aquele homem até o fim, levando embora desta vida, mais ou menos pelos dias de sua morte em Mactan, a esposa e o filhinho. Assim, ninguém restava para dar continuidade ao seu sangue e elevar seu estandarte.

O piloto Estêvão Gomes, que incitara ao motim a tripulação da *San Antonio*, para cúmulo da ironia recebeu do rei títulos e honras por "ter encontrado a passagem como supremo e experiente piloto"; e isso não obstante o fato de que fora o primeiro a negar a existência da passagem, sustentando que se tratava de uma baía sem saída. Ele, embora fosse compatriota de Magalhães e se fingisse seu amigo, odiava-o com todas as forças porque, como mencionei, três anos antes tentara obter do rei, que lhe negara, aquilo que Magalhães soubera conquistar para si. Ao liderar a revolta, fora impelido pelo plano de voltar à pátria primeiro, armar outra frota como comandante e beneficiar-se, ele sozinho, da descoberta da passagem, confiando que Magalhães e os outros tivessem perecido.

Coisa ainda mais cruel, à passagem por nós descoberta não coube melhor sorte. As sucessivas expedições espanholas que tentaram repetir a viagem naufragaram uma depois da outra pelo estreito canal, e assim, dada sua periculosidade, aquele itinerário caiu logo em desuso e por fim no esquecimento, até quase se perder sua lembrança e transformar-se em mito.

Agora quem seguia aquele caminho preferia transportar as mercadorias em caravanas pelo istmo do Panamá. Sem contar que dali a poucos anos o rei Carlos venderia as próprias Molucas, que tanto suor e sangue tinham custado, ao rei de Portugal, e pela "modesta" soma de 350 mil ducados, já tendo ficado claro para ele que a rota pelo poente não era de fato a mais rápida nem a mais ágil para as Índias.

Por fim, nenhuma das disposições testamentárias de Magalhães foi cumprida.

De minha parte, tentei a sorte no mar outras vezes. Seis anos mais tarde conduzi uma carraca, a *Sancti Spiritu*, de novo para o estreito de Todos los Santos, mas logo em sua embocadura naufragamos. Depois dessa experiência, não voltei mais ao mar. Nos anos seguintes, fui obrigado a conseguir que o rei me designasse uma escolta armada, para proteger-me das ameaças de alguns ex-companheiros da *Victoria*, ultrajados pelas calúnias que eu pusera em circulação e pelas riquezas de que me apossara, e ainda mais exacerbados pelo fato de nenhum deles ter conseguido obter a pensão prometida pelo rei.

Dois anos depois, após a queda de um cavalo, perdi o movimento das pernas, minha esposa me deixou e meus dois filhos, os dois homens, morreram assassinados em circunstâncias que não quero recordar agora. Pois é, não tinha mais Mokun ao meu lado.

Por tudo isso, e creio que baste e sobre, decidi livrar-me dos fantasmas que ainda, e não só à noite, me perseguem. Não tenho certeza se consegui. Mas era a única coisa que me restava fazer. Agora podem vir me pegar.

Aqui termina o veemente relato de Juan Sebastián Elcano, nunca antes impresso e por nós traduzido do castelhano ao português vulgar como melhor pudemos fazer, dado o estado de deterioração do manuscrito e a grafia penosa.

Deus queira que o leitor tenha dele obtido deleite e úteis ensinamentos.

Dos diários e das cartas de Magalhães infelizmente não restou nenhum traço.

CIRCUM-NAVEGAÇÃO DE FERNÃO DE MAGALHÃES E JUAN SEBASTIÁN ELCANO | 20/09/1519 | 06/09/1522

Detalhe do Estreito de Magalhães

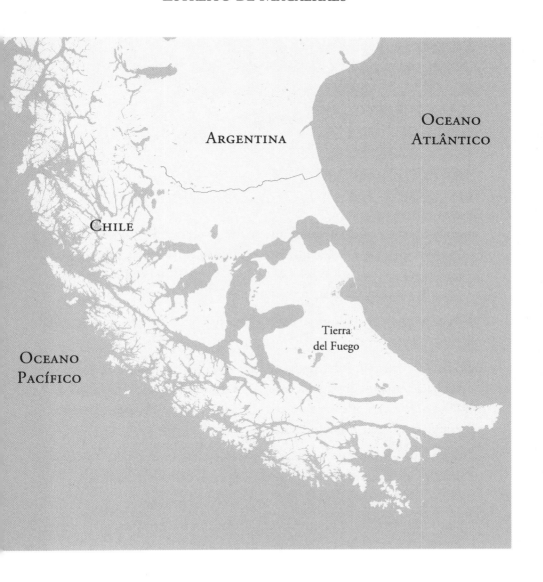

Glossário de termos náuticos

adernar: pender, abater duradouramente (embarcação) sobre um dos bordos, quer pelo deslocamento da carga, quer pelo impulso do mar ou do vento (navio a vela), quer em consequência de aparelhos que se aplicam para carenar; tomar banda.

adriça: cabo ou corda que se utiliza para içar velas, vergas, bandeiras, roupa, etc.

alheta: parte curva do costado de um navio, de um e outro bordo, junto à popa; quartel; junção do costado com o painel de popa de uma embarcação; marca no mar deixada pela embarcação, esteira; rasto, encalço.

alísio: vento que sopra durante quase todo o ano das altas pressões subtropicais para as baixas pressões equatoriais.

almiranta: nau a bordo da qual o almirante de uma força naval içava sua insígnia [Era a segunda nau, logo abaixo da *capitânia*, onde estava embarcado o capitão-mor da armada].

amainar: desfazer o bolso de (vela de embarcação); abater, calar, abaixar, colher, tomar; diminuir a força de (vento, mar, etc.); ceder, afrouxar, cessar, minorar.

amura: direção a 45° da proa da embarcação, para boreste (estibordo) ou bombordo; cabo ou escota com que se mareiam as velas redondas e latinas de diversas maneiras.

antepara: estrutura vertical que separa os diversos compartimentos a bordo de uma embarcação [Pode ter formas, funções e posições diversas, que lhe dão nomes específicos: corrugada, estanque, longitudinal, da bucha, de colisão, etc.].

arriar as escotas: largar, deixar correr, pouco a pouco, o cabo que segura a vela enfurnada.

bracear os mastros: movimentar o mastro para orientá-lo adequadamente em relação ao vento.

astrolábio: instrumento náutico antigo, em forma esférica ou de círculo graduado, com haste móvel, us. para observar e determinar a altura do Sol e das estrelas e medir a latitude e a longitude do lugar onde se encontra o observador [Us. pelos gregos desde 200 a.C.].

atol: recife de forma elíptica, com laguna central, que se forma distante da costa; recife circular.

austro: vento do sul; o sul na rosa dos ventos.

baixio: qualquer elevação do fundo do mar que às vezes dificulta ou impede a navegação; baixo.

barlavento: direção de onde sopra o vento; lado da embarcação que recebe ou colhe o vento utilizado para se deslocar.

bolina: cada um dos cabos de sustentação das velas, destinados a orientá-las, de modo a receberem o vento obliquamente; navegação com o vento de viés; posição do navio cingido ao vento; chapa resistente e plana que se adapta verticalmente por baixo da quilha das embarcações a vela para conter a sua inclinação e o seu abatimento ao navegar.

à bolina: navegar com vento afastado no máximo seis quartas da proa (± 45 graus). É uma técnica empregada por embarcações que consiste em ziguezaguear contra o vento, o que permite navegar por zonas onde o vento não é favorável.

bombarda: embarcação de fundo chato, usada para o transporte de artilharia.

borrasca: ventania impetuosa e repentina, geralmente acompanhada de chuva forte ou neve, e que amaina também de súbito; borriscada, procela.

calado: parte do casco do navio que permanece submersa.

cana do leme: alavanca de metal ou maneira que permite manobrar o leme.

capitânia: qualquer tipo de navio em que viaje o chefe de uma força naval ou onde esteja içado o seu pavilhão, mesmo estando ele ausente.

castelo de proa: convés parcial, que se eleva acima do convés principal, na proa do navio.

cavilhão: haste de metal ou madeira, que une peças da construção de um navio.

cordame: conjunto dos cabos de um navio; cordagem, cordoalha, maçame.

desunhar: soltar-se, desprender-se do fundo (a unha da âncora).

enxárcia: conjunto de cabos e degraus roliços feitos de cabo ('corda'), madeira ou ferro, que sustentam mastros de embarcações a vela e permitem acesso às vergas.

escolho: recife ou baixio à flor da água; abrolho; pequena ilha rochosa.

escota: cabo de laborar que segura uma vela pelo punho quando enfunada.

estai: cada um dos cabos que sustentam a mastreação para vante; cabo de arame ou haste metálica inclinada que sustenta a chaminé ou outra peça do navio.

falconete: tipo de canhão desenvolvido originalmente para uso em terra e depois adaptado para manobras navais.

fio de prumo: aparelho composto por uma peça de metal presa num fio e que serve para indicar a vertical do lugar ou para confirmar a verticalidade de qualquer objeto.

gajeiro: marinheiro a quem se confia o serviço de um mastro, suas velas e vergas e respectivo aparelho.

gávea: designação genérica dos mastaréus e vergas (nos navios de três mastros, de vante para ré: do velacho, da gávea e da gata), que espigam logo acima dos mastros reais.

gazua: expedição, cruzada santa ou investida realizada por mouros contra seus inimigos.

gregal: vento do nordeste; o nordeste na rosa dos ventos.

gurupés: mastro que aponta para vante, colocado no bico de proa dos veleiros.

jusante: vazante da maré; baixa-mar; o sentido da correnteza num curso de água (da nascente para a foz).

levante: vento do leste no Mediterrâneo.

libecho e siroco: ventos do sudoeste e do sudeste, respectivamente, e as direções correspondentes na rosa dos ventos.

maravedis: moeda de prata corrente na península Ibérica entre os séculos XII e XV.

mare ignotum: "mar desconhecido" em latim.

marear: controlar a direção de (embarcação); manobrar, manejar, governar; dispor (velas de um veleiro) de acordo com a direção do vento.

mezena: vela latina quadrangular que se enverga no *mastro da mezena*; vela de maior dimensão do mastro de ré.

molhe: paredão nos portos marítimos, a modo de cais, destinado a proteger das vagas do mar as embarcações, podendo dispor de berços para atracação; quebra-mar.

monção: vento periódico de ciclo anual, que sopra principalmente no Sudeste da Ásia, alternativamente do mar para a terra e da terra para o mar, durante muitos meses [Na costa brasileira, sopra em direção ao norte de março a agosto, e para o sul nos outros meses do ano].

paiol: num navio, qualquer compartimento para guardar materiais ou gêneros de qualquer espécie (paiol de amarras, paiol de mantimentos, paiol de munição, etc.).

pavês: armação protetora, constituída de escudos ou tábuas, que se colocava na borda das embarcações.

piques: antiga lança de combate.

poente e mistral: ventos do oeste e do noroeste, respectivamente, e as direções correspondentes na rosa dos ventos.

popa: extremidade de ré de uma embarcação; a parte posterior da embarcação, oposta à proa, no seu movimento normal, onde se localiza o leme.

pôr-se à capa: imobilizar um veleiro com as velas desfraldadas apresentando o costado ao vento.

portulano: manual de navegação medieval, com a descrição das costas e dos portos, ilustrado com mapas [Foi aperfeiçoado pelos portugueses na segunda metade do século XIII; continha informações desde o Mar Negro até as Ilhas Britânicas].

quadrante: instrumento óptico, com lâmina graduada que ocupa a quarta parte do círculo (90 graus), usado para medir a altura dos astros e suas distâncias angulares, a partir de um navio ou de aeronave.

quilha: peça da estrutura da embarcação, disposta longitudinalmente na parte mais inferior e à qual se prendem todas as grandes peças verticais da ossada que estruturam o casco.

real de prata: antiga moeda utilizada na Espanha por muitos séculos.

ressaca: forte movimento das ondas sobre si mesmas, resultante de mar muito agitado, quando se chocam contra obstáculos no litoral.

rizar: diminuir (área de vela) por meio de rizes; enrizar.

sotavento: direção para onde sopra o vento; lado ou bordo contrário àquele de onde sopra o vento.

tolda: parte do convés superior situada entre o mastro grande e o tombadilho ou entre o mastro grande e a popa, quando o navio não tem tombadilho.

tombadilho: superestrutura erguida na popa de um navio, geralmente toda fechada e indo de um a outro bordo; castelo de popa.

tramontana: vento do norte; o norte na rosa dos ventos.

traquete: mastro de vante de navio veleiro de mais de um mastro; vela que pende dessa verga.

través: direção perpendicular à linha proa-popa da embarcação.

varredoura: certo tipo de vela retangular.

vela de cutelo: vela suplementar que se içava para aproveitar melhor o vento favorável.

vela de estai: vela situada à proa, frente ao mastro vertical mais de vante.

cambar: mudar as escotas de (as velas) para o lado oposto, quando se muda a direção da embarcação; bracear as velas pelo lado oposto.

velame: o conjunto de velas de uma embarcação ou de um de seus mastros.

verga: peça de madeira ou metal disposta transversalmente num mastro e da qual pende vela redonda.

Fontes

Dicionário Houaiss da língua portuguesa. Edição eletrônica, 2009.

Wikcionário: <https://pt.wiktionary.org>.

Wikipédia: <https://pt.wikipedia.org>.

Este livro foi composto com tipografia Adobe Garamond Pro
e impresso em papel Off-White 90 g/m² na Paulinelli.